U0176330

10kV配电网停电
预防与治理

徐铭铭　徐恒博　孙　芊　主编

中国电力出版社
CHINA ELECTRIC POWER PRESS

内 容 提 要

本书是编者在多年从事配电网故障分析相关领域生产及科研工作的基础上编写而成的。全书从配电网故障停电场景特征分析、预防技术、隔离保护、风险防治和管控多方面系统性地介绍了配电网故障停电防治技术，并结合大量具有代表性的案例进行剖析阐述。

本书既可为配电专业管理人员提供配电网停电管理策略，也可为从事配电网规划设计、施工安装、运行维护的相关技术人员提供技术参考。

图书在版编目（CIP）数据

10kV 配电网停电预防与治理/徐铭铭，徐恒博，孙芊编著. —北京：中国电力出版社，2020.12

ISBN 978-7-5198-5202-3

Ⅰ. ①1… Ⅱ. ①徐…②徐…③孙… Ⅲ. ①配电系统—故障修复 Ⅳ. ①TM727

中国版本图书馆 CIP 数据核字（2020）第 248284 号

出版发行：中国电力出版社
地　　址：北京市东城区北京站西街 19 号（邮政编码 100005）
网　　址：http://www.cepp.sgcc.com.cn
责任编辑：崔素媛（010-63412392）　李耀阳
责任校对：黄　蓓　朱丽芳
装帧设计：张俊霞
责任印制：杨晓东

印　　刷：北京天宇星印刷厂
版　　次：2020 年 12 月第一版
印　　次：2020 年 12 月北京第一次印刷
开　　本：710 毫米×1000 毫米　16 开本
印　　张：12
字　　数：190 千字
印　　数：0001—2000 册
定　　价：45.00 元

编 委 会

前 言

　　配电网是国民经济和社会发展的重要公共基础设施。作为电力供应链条的"最后一公里",配电网的可靠运行直接影响着人民群众的用电体验和电力企业供电服务的最终成效。"十三五"期间,国家能源局发布了《配电网建设改造行动计划(2015—2020年)》(国能电力〔2015〕290号),宣布在2020年前投入不少于2万亿元用于配电网的建设改造,以满足用电需求、提高配电网可靠性和促进配电网智能化。可见,配电网在支撑经济发展和服务社会民生方面发挥着举足轻重的作用。

　　相比于发电、输电、变电等其他电力供应环节,配电网设备的技术指标要求不高,运行方面的技术难度也较低。然而,配电网点多面广、城乡差异大、运行环境复杂、故障隐患众多,故障防治工作面临着诸多问题。一言以蔽之,配电网故障停电防治工作的难点在于对现场复杂情况全面细致的认知,并结合具体条件提出差异化、可执行的策略。

　　本书系统论述了作者所在科研团队近年来在配电网故障停电防治技术方面的研究和实践成果,以典型故障停电场景为研究对象,涵盖了多种典型故障场景特征分析、多层级差异化防治策略、各类故障的快速检测或保护技术、现场典型案例分析等内容,适合从事配电网规划、建设、运行等方面生产科研工作的技术人员和管理人员阅读。

　　本书由国网河南省电力公司电力科学研究院徐铭铭、徐恒博、孙芊主编。其中，徐铭铭博士和徐恒博高工负责统编全稿，孙芊著写第1章，徐铭铭、徐恒博、牛荣泽、谢芮芮、李宗峰、李丰君、孙芊等共同编著第2、3、4、5章，孙芊、牛荣泽等共同编著第6章。

　　本书在编写过程中，得到了多位同行业领导及专家的指导，在此对郝建国、马建伟、王磊、冯光、郭剑黎、彭磊、郭祥富、张志华、胡博、曹文思、贺翔、吴博、马廷彪、赵健、王鹏、刘正胜、吴擎、姚森等表示感谢！

　　由于作者水平有限，书中难免存在错误与不妥之处，希望读者批评指正。

编　者

2020 年 10 月

目 录

第1章 配电网概述

1.1 配电网基本概念及特点

配电网是指从输电网或地区发电厂接受电能，通过配电设施就地或逐级分配给各类用户的电力网。配电网根据供电地域特点的不同，可分为城市配电网和农村配电网；根据配电线路的不同，可分为架空线配电网、电缆配电网、架空线-电缆混合配电网；根据电压等级的不同，可分为高压配电网、中压配电网和低压配电网。在我国，高压配电网的电压一般为 35 kV 和 110 kV；中压配电网的电压一般为 10 kV，个别地区有 20 kV 和 6 kV；低压配电网的电压一般为 380/220 V。现阶段，我国大多数地区采用 10 kV 中压配电网作为联系高、低压配电网的中间环节，起到承上启下的作用。配电网示意图见图 1-1。

历史上，我国电网长期面临着缺电难题，导致建设过程中一直存在着"重发电，轻供电，不管用电"的问题。配电网建设投资力度相对滞后，配电网停电事件频发。但随着经济社会发展和人民群众生活水平的提高，社会对"用好电"的需求日益强烈。近年来，尤其是"十三五"期间，国家投入不少于 2 万亿进行配电网升级改造，我国配电网供电可靠性和电能质量有了质的飞跃。但是，由于历史欠账较多，配电网仍是限制电网供电可靠性提升的"短板"。据统计，用户侧 90%以上的停电事件是由配电网的故障停电或计划停电引起的。计划停电可通过加强管理措施进行治理，而故障停电的防治则是一个极其复杂的问题，主要原因在于，与输电等环节相比，配电网有着以下三个方面的特点。

（1）配电设备众多、分布广、城乡差异大。一个大中型城市的配电设备数量可达数十万以上，以配电主设备配电变压器为例，往往可达到数万台，避雷器、电杆等设备数量更多。设备点多面广，管理维护工作量巨大。配电网装备水平的城乡差异巨大，一方面，是由于城农网供电质量需求不同；另一方面，是由于早期部分县供电公司非省电力公司直管,配电网建设投资力度相对较弱,但在规模上农网占比较大,以中部某省为例,在线路规模上,农网是城网的 2 倍以上,配电变压器农网是城网的 3 倍。

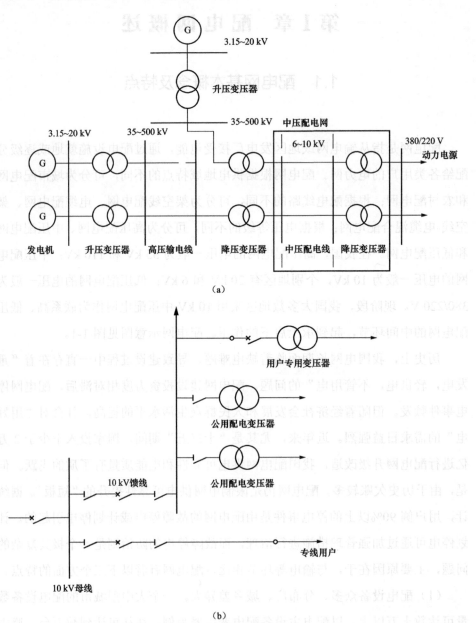

图 1-1　配电网示意图

(2)配电发展影响因素多,变化调整相对频繁,易受外界干扰。受市政建设、用户负荷发展、区域投资、居民诉求等影响，网络结构和设备变动频繁。典型现象有配电变压器难以深入负荷中心、供电半径过长；用电负荷充分释放，新建变压器刚刚投运就出现了重过载情况；市政配套建设滞后，负荷发展缓慢，变压器轻载运行；施工受阻，线路走径迂回供电等。

（3）接线方式灵活多变，二次系统不完善。主干线一般采用辐射状或环网开环运行，分支线大多采用 T 接方式，如图 1-2～图 1-5 所示。线路互联网及"N–1"通过率不高，特别是农村电网问题较为突出，单辐射线路仍有一定比例存在；传统潮流方向单一，但随着分布式电源的大量接入，功率方向也转为双向。诸如保护等二次系统，配置以简单实用为主，主要依赖于电流与时间的级差配合，配电自动化覆盖率及实用化水平较低，农村配电线路多数仍处于"盲调"阶段。

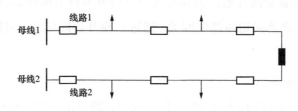

图 1-2　"手拉手"接线方式

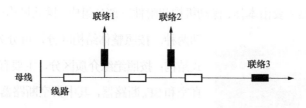

图 1-3　三分段三联络接线方式

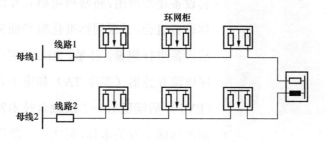

图 1-4　单环网接线方式

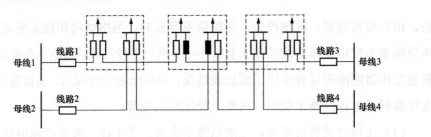

图 1-5　双环网接线方式

1.2　配电网主要设备

1.2.1　柱上开关设备

柱上开关设备根据开断能力和安装位置可分为柱上断路器、柱上负荷开关、柱上隔离开关、跌落式熔断器共四类，通过切换其通断状态，可用于负荷转供、故障隔离。

1. 柱上断路器

断路器应具备开断和关合短路电流的能力，既可用于架空线路中，作为短路保护设备；又可用作线路分段负荷开关，加装配电网终端后，实现配电网自动化。

柱上断路器主要由本体、操动机构和附件三部分组成，操动机构可分为手动和电动两种。按照整体结构区分，可分为箱式结构和柱式结构；按照绝缘介质区分，主要有空气、绝缘油、真空和 SF$_6$ 断路器，其中真空断路器使用较为广泛。

图 1-6　一二次融合开关设备

近年来，随着配电自动化的发展，一二次成套设备逐步应用，将常规电磁式互感器与一次本体设备组合，并采用标准化航空插头与自动化终端设备进行测量、计量、控制信息交互，集成零序电流互感器（零序 TA）和电子式电压互感器（EVT），后续随着一二次融合技术发展将实现控制器集成于开关本体，解决一二次设备接口不匹配等问题，如图 1-6 所示。

2．柱上负荷开关

柱上负荷开关与柱上断路器的主要区别在于：断路器可用来开断短路电流，而负荷开关能切断负荷电流和关合短路电流，但不能开断短路电流，对灭弧装置的动、热稳定要求较低，可用作配电网线路分段开关，与配电网终端配合，实现配电网自动化。

3．柱上隔离开关

柱上隔离开关又称刀闸，无灭弧功能，不允许切断负荷电流和短路电流，断开时有可以看见的、明显的断开点，用于线路设备的停电检修、故障查找等，保证检修或试验工作人员的人身安全，如图 1-7 所示。柱上隔离开关的优点是造价低、简单耐用，可用作架空线路与

图 1-7　柱上隔离开关

用户的产权分界开关，以及电缆线路与架空线路的分界开关，还可安装在线路联络负荷开关一侧或两侧。

4．跌落式熔断器

跌落式熔断器一般安装在柱上配电变压器高压侧，如图 1-8 所示。其结构简单、价格便宜，多用于配电变压器的过载和短路保护，以保护架空配电线路不受配电变压器故障影响。

1.2.2　环网柜和电缆分支箱

环网柜和电缆分支箱用于城市配电网电缆线路，起着与开关设备相同的作用。

1．环网柜

图 1-8　跌落式熔断器

环网开关柜，简称环网柜，如图 1-9 所示，用于电缆环网中，起到分支、分段、联络的功能，是一种组合配电装置。将负荷开关柜、断路器柜等集成在一个柜体内，并根据需要配置接地开关、电流互感器、电压互感器、避雷器、

高压带电显示器、"五防闭锁"装置、配电终端等。环网柜一般采用二进四出、二进二出形式，进线采用负荷开关分断，出线采用断路器分断。

图 1-9　环网柜

图 1-10　电缆分支箱

2. 电缆分支箱

电缆分支箱用于连接两个以上电缆终端，是完成电缆线路汇集和分接功能的专用配电连接设备，一般装于户外，箱底由密封材料铺平，并在箱体开设通风口，防止凝露，如图 1-10 所示。

1.2.3　配电变压器

配电变压器通常指 2500 kVA 以下直接面向终端用户供电的电力变压器，根据绝缘介质（冷却方式）的不同，分为油浸式配电变压器和干式配电变压器，其中油浸式配电变压器使用较为广泛。油浸式配电变压器按损耗性能多分为 S9、S11、S13 系列，S13 系列变压器的空载损耗较 S9 系列明显减低，国家电网有限公司已广泛使用 S11 系列配电变压器，并正在城网改造中逐步推广 S13 系列，S11、S13 系列油浸式配电变压器将逐渐取代现有在网运行的 S9 系列。

配电变压器根据容量和安装方式的不同，大致分为柱上变压器和箱式变压器。柱上变压器（如图 1-11 所示）常见容量为 315、400 kVA，箱式变压器多为 800、1250 kVA 等。其中，箱式变压器是一种把高压开关设备配电变压器、低压开关设备、电能计量设备和无功补偿装置等按一定的接线方案组合在一起的紧凑型成套配电装置，适用于住宅小区、城市公用变电站、繁华闹市等。

配电变压器三相负荷可能会出现不平衡及重过载现象，特别是在农村，电力负荷的大部分为单相负荷，且负荷变化大，将导致变压器过热、绝缘油老化，使绕组绝缘水平降低，最终也将导致变压器损坏。

图 1-11 柱上变压器

1.2.4 架空导线及电缆

1. 架空导线

架空导线主要由铜、铝、钢等材料制成，一般分为裸导线和绝缘导线。其中，裸导线中广泛使用钢芯铝绞线，由钢丝绞合作为线芯承受机械张力，又利用铝线较好的导电性，多用于农网空旷地带。绝缘导线在裸导线基础上覆盖交联聚乙烯等绝缘材料，多用于高层建筑附近、人口稠密区、树木园林等场合，是防治异物短路、树障等引发停电的有效手段，但可能会发生雷击断线情况。导线的额定截面积主要有 25、35、50、70、95、120、150、185、240 mm^2 等，其中 95 mm^2 以上的导线多用于主干线，但部分农村地区仍以 50、70 mm^2 的导线作为主干线，易发生过负荷引起的故障停电。

图 1-12 电缆接头

2. 电缆

电缆线路由导线、绝缘层、保护层等构成。配电电缆多用于地下、水下的配电线路，常用交联聚乙烯三芯电缆，具有击穿强度高、绝缘电阻系数大、介电常数小等优点，同时有较高的耐热性和耐老化性。电缆运行时，电缆载流量受敷设方式、土壤环境温度等多因素影响，持续长时间过负荷运行易引发故障，需合理确定电缆线路的载流量，对于混合线路应做好与架空线路的载流量配合。电缆线路故障多发于接头处，电缆接头（如图 1-12 所示）为电缆附件，是电缆线路的薄弱环节,接头处发生的事故占电缆线路总事故的 70%左右,多数是由密封不完善等问题造成的。

1.2.5 配电室与开关站

配电室是户内中低压配电设施,用于配电容量较大、低压出线较多的场合,以及多用户住宅小区、学校、工厂等。开关站是不配置配电变压器的配电室,往往作为变电站母线的延长,以满足城市等地区发展需要,解决变电站出线走廊受限等问题。

1.2.6 配电自动化终端设备

终端设备特指在调度系统中完成现场数据采集、远程控制的设备。配电自动化终端设备主要分为站所终端(DTU)、柱上开关终端(FTU)、配电变压器终端(TTU)以及故障指示器。

DTU 用于开关站、环网柜、配电室等处,FTU 用于架空线路的断路器或者负荷开关等处。随着一二次融合技术的发展,DTU、FTU 将逐步由开关本体集成。以上两类终端具备实现数据采集、短路故障检测、小电流接地故障检测、远方控制、通信等功能,是故障隔离、非故障区专供以及运行方式调整的有效手段,可有效缩短非故障区的停电时间。

TTU 用于配电变压器处,具备数据采集、负荷监测、远方控制等功能,将配电网监测控制对象由线路细化至配电变压器,随着物联网技术的进一步发展,TTU 与智能电能表、低压智能开关等设备配合,可实现低压配电线路的监测与控制、拓扑识别、泄漏电流级差保护等功能,进一步提高配电网的智能化水平。

故障指示器安装在配电线路分段或分支处,可分为就地型和远传型,就地型能够检测短路及小电流接地故障并就地显示,远传型可通过无线方式远传配电自动化主站,定位故障区段,如图 1-13 所示。根据工作原理,可分为稳态特征、暂态特征、暂态录波和外施信号四类,可带电安装,施工方便,应用广泛。

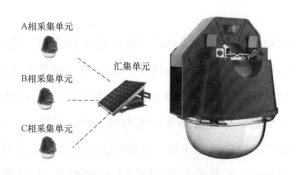

A相采集单元

B相采集单元

汇集单元

C相采集单元

图 1-13　远传型故障指示器

1.2.7　其他设备

电杆、避雷器、绝缘子、金具虽不是配电网中的电气主设备，但数量众多，也是配电网中的易损设备，易发生故障，引发停电。

1. 电杆

配电电杆主要包括电杆、钢管杆两类，要承受配电线路及设备的自身重力载荷、风载荷、不平衡载荷等。

钢筋混凝土杆（以下简称电杆）分为预应力电杆和非预应力电杆。预应力电杆节省钢材，早期应用较多，其使用前给构件加一个预拉力，将其拉到屈服极限，使构件的塑性变形达到屈服极限所对应的值，以后再受到拉力时，不会有较大的变形，因此呈现"宁折不弯"的特点，但其抗裂性差，相对易发生电杆断裂。配电网多选用非预应力电杆，主要为 12、15 m 杆，其埋深往往影响抗倾覆能力，在大风、覆冰及雨水冲刷影响下，埋深不足可能发生倾倒，引起故障停电，可通过拉线、卡盘等方式提高电杆的抗倾覆能力。

随着城市的不断发展，同杆多回的配电线路越来越多，钢管杆使用也越来越多，具有能承受较大张力、无需拉线的优点，但成本相对于电杆较高。

2. 避雷器

避雷器是连接在导线和地之间的一种防止雷击的设备，通常与被保护设备并联，常安装于柱上开关、配电变压器、电缆入地处等，保护设备免受雷电过电压和操作过电压损害，其应用效果好坏往往与本体性能指标和泄流通道（接地电阻）有关。

3. 绝缘子

绝缘子是将配电线路中带电导体与大地（接地构建物）进行隔离，并在自然条件下耐受相应电压、机械应力的器件，其主要功能是实现电气绝缘和机械固定，在电气上要承受强电场、工频电弧电流等的作用，在机械上要承受长期工作重载荷、综合载荷、导线舞动等机械力的作用。绝缘子种类众多，有蝶式绝缘子、柱式绝缘子、拉线绝缘子等，运行中会受到雷击、污秽、鸟害、冰雪、高湿、温差等环境影响，在春季由于绝缘子有一定积污，加之雨水、湿度增加，会造成绝缘子闪络，引发故障停电。

4. 金具

金具是配合导线、避雷线、绝缘子等使其满足正常工作需要的一种金属器具，按功能和用途主要分为紧固金具、连接金具、接续金具、拉线金具和保护金具等，如图 1-14 所示。金具锈蚀松动往往会导致故障发生。

图 1-14 各类金具

1.3 配电网中性点接地方式

我国配电网中性点接地方式主要包括中性点不接地、中性点经消弧线圈接地和中性点经小电阻接地，如图 1-15 所示。按照 Q/GDW 10370—2016《配电网技术导则》，对于 10 kV 配电网，单相接地故障电容电流在 10 A 及以下时，宜采用中性点不接地方式；单相接地故障电容电流超过 10 A 且小于 100～150 A 时，宜采用中性点经消弧线圈接地方式，补偿后接地电流宜控制在 10 A 以内；单相接地故障电容电流超过 100～150 A 以上，或以电缆网为主时，宜采用中性点经小电阻接地方式。这里的"单相接地故障电容电流"是接地故障电流的主要成分（还有少量阻性电流和谐波电流）。

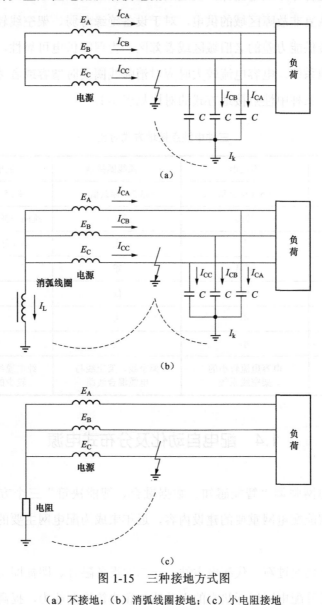

图 1-15 三种接地方式图

（a）不接地；（b）消弧线圈接地；（c）小电阻接地

各种接地方式之间没有绝对的优劣之分，关键是要与网架、设备、运维水平相适应。中性点接地方式的选择需要综合考虑供电可靠性、人身安全防护、过电压、继电保护、系统绝缘水平、设备安全等多种因素，还会受该地区电网历史和政治因素的影响。建议在电缆化程度较高、预计电容电流较大、网架转供能力较强、配电自动化系统比较完善的新建区域采用中性点经低电阻接地故障的方式，配合零序过电流保护快速隔离电缆系统的低阻故障，利用配电自动化系统快速恢复非故障区域的供电。对于设备绝缘薄弱、架空线较多、接地故障隐患多、转供能力差的老旧城区或者郊区，为保障供电可靠性，建议仍采用消弧线圈接地系统，电容电流较大时应对消弧线圈及时增容或者考虑采用分散补偿的方案。三种中性点接地方式的对比见表 1-1。

表 1-1 三种中性点接地方式对比

接地方式	不接地	消弧线圈接地	低电阻接地
过电压	≤3.5（标幺值）	≤3.2（标幺值）	≤2.5（标幺值）
熄弧能力	较弱	较强	跳闸熄弧（低阻故障）
人身安全隐患	大	大	小（低阻故障时）
保护的选择性	容易	难	容易
跳闸率	低	低	高
投资	小	大	中等
运维工作量	小	大	中等
推荐适用条件	电容电流较小的架空线系统	架空线、架空线与电缆混合线路	纯电缆线路或架空线较少的混合线路

1.4 配电自动化及分布式电源

智能配电网强调"智能感知、数据融合、智能决策"三个方面，而配电自动化作为智能配电网重要的建设内容，近年来成为配电网主要的建设和发展方向。

配电自动化通过新一代配电主站、一二次设备融合、即插即用终端等技术应用，全面提升配电网运行状态的主动感知和决策控制能力，提高配电网精益化管理水平。配电自动化可理解为两层含义：①狭义的配电调度控制系统，主要实现配电网的功率潮流、开关状态等监视、调度与远方遥控功能；②广义的配电自动化系统，作为配电网络以及配电设备的监控系统，主要实现变电站 10 kV 出线开关至配电变压器低压侧之间整个配电网运行状态的监测管理，不仅包括调度控制功能，更包括对于开关、线路、配电变压器等配电网设备的运行状态管控功能。

配电自动化系统是实现配电网运行监视和控制的自动化系统，具备配电 SCADA（数据采集与监视控制系统）、故障处理、分析应用及与相关应用系统互连等功能，主要由配电自动化系统主站、配电自动化终端和通信网络等部分组成，其结构如图 1-16 所示。

（1）配电自动化系统主站，主要实现配电网数据采集与监控等基本功能和分析应用等扩展功能，为调度运行、生产运维及故障抢修指挥服务。

（2）配电自动化终端，是安装在配电网的各类远方监测、控制单元的总称，完成数据采集、控制、通信等功能。

（3）通信网络，提供终端与主站之间的数据传输通道，主要为光纤通信和无线通信。

随着物联网技术的发展，配电自动化建设逐步向台区及低压侧延伸，其中智能配电变压器终端尤为热点。智能配电变压器终端通过与电源侧、线路侧和用户侧感知设备的连接，实现对配电设备、运行状况等数据的在线监测，之后按需对数据进行分析计算，再通过因地制宜的通信方式将数据传输至配电主站。配电自动化系统结构如图 1-16 所示。

配电自动化系统在提高配电网运行管理水平方面作用突出，具体如下：

（1）提高供电可靠性。通过对配电网及其设备运行状态的实时监测，改变配电网"盲调"现象，通过故障定位、隔离、非故障区恢复供电，缩小停电影响范围，缩短停电时间，将传统的人工就地倒闸操作改为远方遥控操作，缩短倒闸操作停电时间，从而提高供电可靠性，减少用户停电损失。

（2）提高运行经济性。配电自动化实时掌握配电网运行水平，分析评估重过载等负荷分布不均衡情况，为配电网运行方式灵活调整提供了条件，在保证供电可靠性的前提下，降低运行损耗，压缩备用容量，延缓一次设备投资建设，提高资产利用率，实时了解分布式电源的出力情况，合理优化运行方式，最大化本地消纳分布式电源。

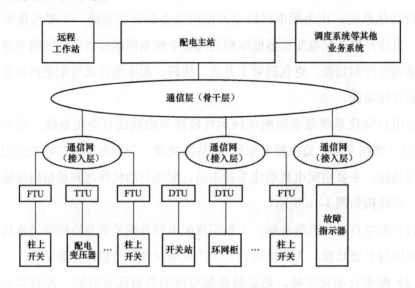

图 1-16　配电自动化系统结构

　　如图 1-17 所示，分布式电源（分布式光伏发电、分散式风电、小水电等）的大规模接入也成为配电网发展的热点和焦点。我国分布式电源的发展以分布式光伏发电为主，分布式光伏发电的开发规模已超过小水电，接入电压等级以 10 kV 为主。据不完全统计，光伏发电在分布式电源的比重占比达到 40% 以上，接入 10 kV 的装机容量占比为 60% 左右。而原本薄弱的农村电网，由于光伏发电扶贫政策的引导，分布式光伏发电接入爆发式增长，截至 2017 年底，我国共有 25 个省（区、市）、940 个县开展了光伏扶贫项目建设，累计建成规模 1.011×10^7 kW，如图 1-18 所示。

图 1-17　分布式光伏接入配电网

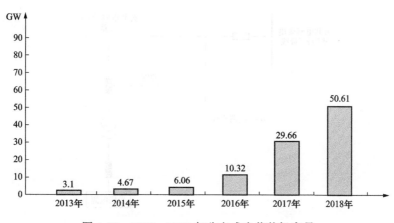

图 1-18 2013～2018 年分布式光伏装机容量

　　分布式电源接入具有分布点多面广、出力不确定性强的特点,对潮流分布、电压调整、短路电流水平、继电保护、电能质量等均会有一定影响。特别是,分布式电源接入会改变配电网故障时短路电流的幅值和分布特性,影响更为突出。故障线路上故障点上游分布式电源提供的短路电流会抬高并网点电压,造成系统流入故障线路的电流减少,降低变电站出口保护灵敏度,而同母线其他线路故障时,分布式电源向故障点提供反向短路电流,可能造成保护误动。同时,接入分布式电源未在故障时快速解列,可能造成非同期合闸,故接入分布式电源的配电网线路通常退出重合闸。

　　分布式电源主要接入方式有公用配电变压器低压母线接入（一般为 20～200 kW,见图 1-19）和分布式电源用户专用配电变压器 T 接（一般为 80～500 kW,见图 1-20）,而用户低压接入、专线接入变电站母线两种方式不再赘述。

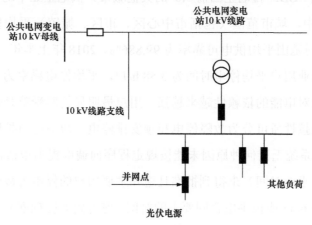

图 1-19 分布式电源公用配电变压器低压母线接入

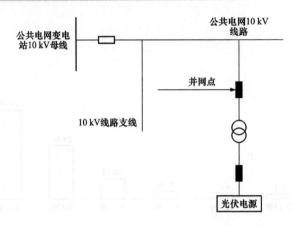

图 1-20   分布式电源用户专用配电变压器 T 接

1.5 配电网供电指标

配电网供电质量指供电系统满足用户电力需求的质量，包括电能质量和供电可靠性，电能质量是指供应到用户端的电能的品质优劣程度，供电可靠性是指持续向用户供电的能力。

我国配电网供电可靠性的发展程度与发达国家如英、美、日等国家仍存在一定的差距。如英国 20 世纪 80 年代的供电可用率就达 99.98%，日本东京、法国巴黎 2009 年的供电可靠率就达到 100%，而据国家能源局统计数据，2018 年上半年，我国 52 个主要城市（包括 4 个直辖市、27 个省会城市、5 个计划单列市、16 个 2017 年 GDP 排名全国前 40 的其他城市）供电企业平均供电可靠率为 99.918%。其中，城市范围（包括市中心区、市区、城镇）平均供电可靠率为 99.971%，农村范围平均供电可靠率为 99.886%。2018 年上半年，全国 52 个主要城市供电企业用户平均停电时间为 3.58 h/户，平均停电频率为 0.85 次/户。

现代社会对电能的依赖性越来越强，用户最明显的感受就是供电可靠性，即停电。停电按性质可分为故障停电和预安排停电。故障停电按照可靠性管理定义为，供电系统无论何种原因未能按规定程序向调度提出申请，并在 6 h（或按供电合同要求的时间）未得到批准且通知主要用户的停电为故障停电；凡做出预先安排在 6 h（或按供电合同要求的时间）前得到调度批准并通知主要用户的停电为预安排停电，进一步分类见图 1-21。

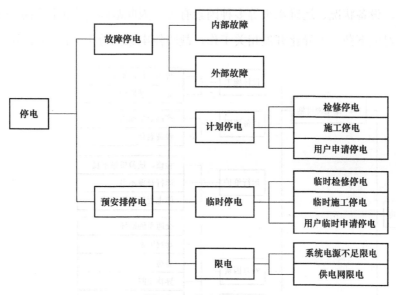

图 1-21　停电分类图

作为电力系统的重要组成部分，配电系统一直都是用户与电力网络的重要纽带。据统计，大约有 80% 的用户停电事故是由配电系统故障引起。由于电能具有产、供、消同时性的特点，一旦配电系统设备出现故障或者进行检修，就会同时造成用户供电中断。所以，配电系统的可靠性实际上集中反映了整个电力系统的运行特性。同时，我国配电网多采用"闭环设计，开环运行"的运行方式，其对故障比较敏感，故障频率也较高。

由于配电故障更直接面向用户，停电对用户正常活动和利益的影响更加显现，停电发生的时间、波及范围和持续时间都或多或少会影响停电造成的经济损失和社会影响。停电的影响一般直接反映在产品成本、商业、交通等社会活动中，如生产停顿、产品质量下降、产量减少、生产设备损坏、信息丢失、数据破坏、电气化交通中断等。

配电网故障中，单相接地故障发生的比例较高，约占总故障的 60%～80%。城市配电网故障约占故障总数的 20%，由于其分布于人类活动密集区域，易受城建施工等外力因素影响，加之负荷密度较大，挂接各类用户较多，用户内部原因导致的故障停电时有发生。县域配电网故障约占故障总数的 80%，尤其是农村配电网，由于历史原因，部分设备老旧、建设标准低、运维水平不高，加之易受大风、雷击等恶劣天气影响，导致故障率居高不下。配电网的故障类型与其所处位置、设备状况、运维水平等多种因素有关，因此故障停电的防治也应针对性分析，对症下药，差异化开展相关工作，故障停电原因分类见图 1-22 所示。

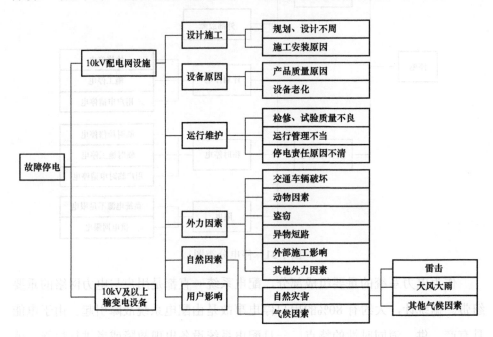

图 1-22 故障停电原因分类图

第2章 配电网典型故障停电场景特征分析

2.1 故障停电事件时空演变规律分析

配电网故障的发生有其自身的时空规律。时间方面，不同的季节和月份，配电网故障发生的可能性也有所不同；空间方面，由于地区之间配电网发展水平、区域环境情况、经济水平和人口密度、产业结构等都存在差异，不同区域之间配电网的故障情况也是不同的。

根据某地区 2016 年全年历史停电信息，对故障停电的时空演变规律进行统计分析如下。

故障停电多发于夏季（6~8 月），夏季炎热，居民降温负荷较重，加之灌溉负荷叠加导致过负荷现象较为严重。同时，夏季多强对流天气，台风、强暴雨等恶劣天气频发，导致故障停电次数较多。除此之外，配电网设备状况差，老化问题较为严重，长时间的高温导致设备故障频发。

春季（3~5 月），树障和鸟害问题凸显，杨树等速生树种快速生长，加之鸟类选择在配电线路筑巢，易导致配电线路故障停电。同时，春季配电网工程量大，各类施工外力破坏现象较为严重，这是故障停电的主要原因。

秋季（9~11 月）气温适中，故障停电的主要原因为施工外力破坏，相对春季故障停电次数有所减少。

春节期间（2 月），为保证供电可靠性，设备运维和消缺工作加强，加之春节期间天气状况良好，无恶劣天气，故障停电次数相对较少，故障停电次数与时间的分布如图 2-1 所示。

根据表 2-1 和图 2-2 显示，配电网故障产生的原因主要是自然因素（占比 27.91%）、设备本体（占比 24.97%）和外力因素（占比 20.41%）。原因不明故障停电包含在运维不当导致的故障停电中，不作为主要原因进行分析。

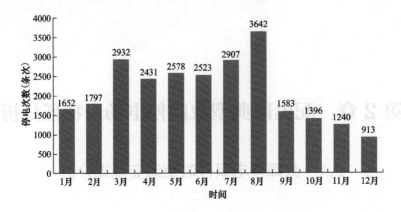

图 2-1 某地区故障停电次数与时间分布图

表 2-1 故障原因停电统计 单位：条次

故障原因	1月	2月	3月	4月	5月	6月	7月	8月	9月	10月	11月	12月	总计
自然因素	334	352	942	682	1014	676	913	1639	201	166	132	93	7144
设备本体	483	543	609	528	456	601	746	682	509	398	476	360	6391
外力因素	374	395	655	591	492	573	486	397	393	402	277	189	5224
运维不当	282	286	505	426	416	425	482	634	251	211	162	125	4205
用户原因	159	196	205	190	191	233	257	280	222	200	183	136	2452
安装不当	20	25	16	14	9	15	23	10	7	19	10	10	178
合计	1652	1797	2932	2431	2578	2523	2907	3642	1583	1396	1240	913	25594

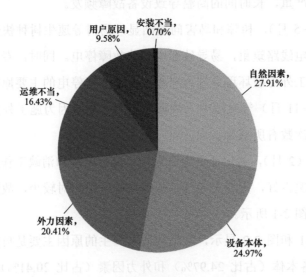

图 2-2 故障原因的占比分布图

六大类故障原因中，自然因素导致 7144 条次故障停电，占比 27.91%，多发生在夏季（6～8 月），夏季多发强对流天气，加之持续高温，故配电网线路故障停电次数较多。

设备本体原因导致的故障停电多发于初春（3 月）和夏季（6～8 月），春季下雨容易导致绝缘子、柱上开关等设备污秽闪络；夏季气温高，设备长期处于过负荷状态，发热严重，故障停电次数较多。配电网故障次数最多的设备是架空线路及其附属设备，远远高于其他设备类型，其次是柱上开关、电缆导体、柱上变压器等设备。

架空线路位于户外，运行环境比较恶劣，易受到恶劣天气、外力破坏等因素的影响，容易发生故障。从图 2-3 的时间分布图来看，春季（3 月）由于外力破坏、树障、鸟害等多种因素叠加影响，架空线路故障停电次数较多；夏季（8 月）由于持续高温，加之强对流天气等因素影响，故障停电次数较多。

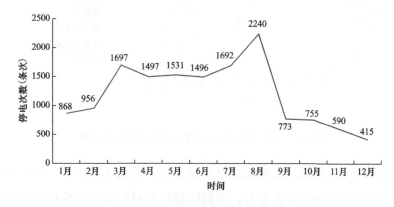

图 2-3　架空线故障随时间分布图

相比之下，箱式变压器、配电室、开关柜等设备大都位于户内，运行过程中受外界环境影响较小，发生故障的概率较低，从时间分布上来看，户内设备故障停电次数随时间变化不太明显，除架空线外其他设备故障随时间分布情况如图 2-4 所示。

外力因素导致的故障停电多发于春季，主要受施工外力破坏和动物因素影响。春季各类工程施工较多，施工外力破坏现象较为严重，吊车断线、挖断电缆等现象频发。同时，春季鸟类在配电线路筑巢现象较为严重，配电线路仍有相当比例的裸导线及具有带电裸露部位的设备，如跌落式熔断器、隔离开关等，故鸟害导致故障停电次数较多。

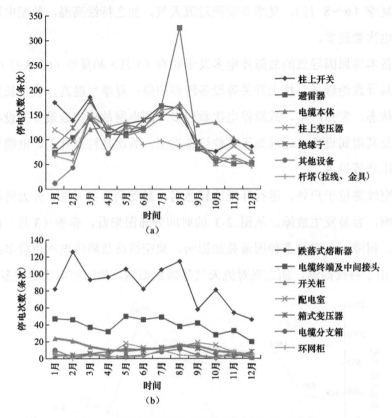

图 2-4 除架空线外其他设备故障随时间分布图

空间方面，由于地区之间配电网发展水平、区域环境情况、经济水平、人口密度、产业结构等都存在差异，不同区域配电网的故障情况也有所不同。城市配电网的主要故障原因与县域配电网有所差异，其占比分布图分别如图 2-5 和图 2-6 所示。

城市配电网专用变压器用户较多，用户内部故障导致的全线故障停电次数较多，是城市配电网故障停电的首要原因。但对于县域配电网来说，专用变压器用户故障并不是影响线路运行的主要原因，用户内部故障导致的停电次数只占 7.83%。县域配电网设备情况差，老化问题较为严重，线路供电半径长，且大多位于空旷地带，抵御自然灾害能力较弱，因此自然因素是导致县域配电网故障停电的首要原因；但是对于城市配电网来说，设备运行情况较好，线路供电半径短，分支、分段开关配置情况较好，因此自然因素并非城市配电网故障停电的首要原因。

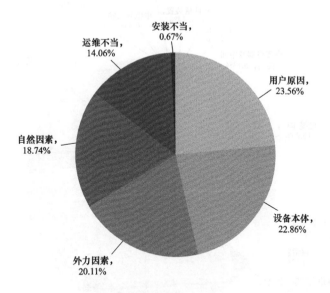

图 2-5　城市配电网故障原因占比分布图

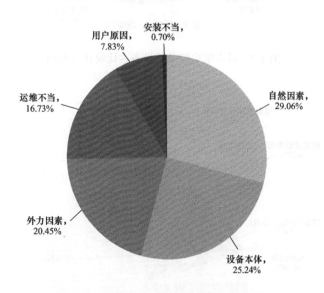

图 2-6　县域配电网故障原因占比分布图

　　城市配电网与县域配电网的故障设备有所差异，如图 2-7 和图 2-8 所示。城市配电网线路电缆化率高，同时工程施工量大，外力破坏如道路施工挖断电缆等导致的故障停电次数较多；县域配电网电缆化率低，户外老旧设备相对较多，柱上开关、绝缘子等户外设备故障导致的停电次数较多。

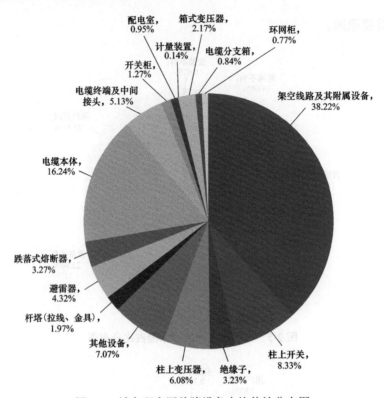

图 2-7　城市配电网故障设备占比统计分布图

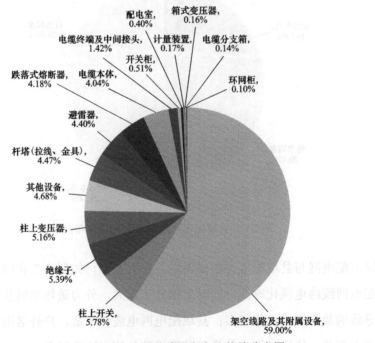

图 2-8　县域配电网故障设备占比统计分布图

2.2 典型故障停电场景

典型故障停电场景概念，有机融合了停电发生时的环境因素、电网条件等多维度特征。配电网故障停电原因主要为外力破坏、恶劣天气、设备本体、施工设计不当、运维不当、用户内部原因、过负荷等。根据主要故障停电原因确定场景大类，不同类别场景根据故障对象和场景特征细化具体场景描述。根据某省 2016 年下半年和 2017 年上半年的停电数据的强关联规则分析，提取出典型的停电场景，形成停电场景库。故障停电场景库如表 2-2 所示，具体的设备场景如表 2-3～表 2-8 所示，设备场景主要针对配电网多发故障设备，包括架空线路及其附属设备、电缆线路及其附属设备、开关类设备、低压线路及附属设备、配电变压器及其低压侧附属设备、表箱及其内部设备等。

表 2-2 故 障 停 电

场景大类	停电事件场景	故障对象	场 景 描 述	场 景 特 征
外力破坏	交通车辆撞杆	杆塔及其拉线	(1) 车辆撞到行车道中的杆塔（道路扩宽后，线杆留在行车道）； (2) 车辆撞到路边的杆塔； (3) 车辆在道路拐弯处撞到杆塔	(1) 杆塔位置易受撞击； (2) 杆塔缺少安全标志； (3) 视野不佳时段（夜间或大雾）概率较高
	交通车辆挂线	架空线路	(1) 架空线路跨越交通道路，大型超高车辆挂线； (2) 车辆搬运超高货物挂线	(1) 架空线路跨越交通道路； (2) 缺少明显的限高指示牌
	作业车辆挂线	架空导线	起重机、自卸车等大型工程作业车辆碰线造成接地、断线	(1) 大型工程作业车辆； (2) 工地、农田附近； (3) 线路、拉线缺少明显安全标识或标识被遮挡
		杆塔拉线	农业作业机械作业时拉挂杆塔拉线，造成倒杆	
	异物挂线、砸线	架空线、金具等	(1) 大风导致树枝断落在线路上形成短路或接地； (2) 春季放风筝旺季，风筝断线后挂在线路上导致短路或接地； (3) 大风导致彩带等装饰物挂在线路上形成短路或接地； (4) 高速公路广告牌破片被风吹到线路上形成短路或接地； (5) 大风导致菜地塑料大棚、塑料地膜挂线形成短路或接地； (6) 大风导致工地防尘网挂线形成短路或接地； (7) 池塘、鱼塘旁边钓鱼线挂线； (8) 群众伐树，树倒后砸线	(1) 大风天气； (2) 裸导线或线路裸露位置故障概率高； (3) 通道附近上风向存在工地、树林、菜地、广告牌等特殊场所； (4) 通道旁边存在鱼塘等特殊场所

场景大类	停电事件场景	故障对象	场 景 描 述	场 景 特 征
外力破坏	电缆外力破坏	电缆本体、终端、中间接头	（1）施工机械挖断或碰伤电缆； （2）由于安装或运输时刮伤、过度牵拉、过度弯折电缆，导致电缆外护套或绝缘破损； （3）电缆穿越公路、铁路、建筑群时，由于地面的下沉造成电缆垂直受力变形； （4）振动破坏：铁路轨道下运行的电缆，由于剧烈规律的运动导致电缆外皮产生弹性疲劳而破裂	（1）在电缆铺设路径上施工； （2）电缆敷设时未考虑附近各种机械振动对结构的影响； 部分电缆损伤要长时间后才发展成故障
	盗窃	电缆、铜芯变压器等	（1）备用电缆被盗割； （2）灌溉用变压器铜芯被盗； （3）其他贵重电力设施	（1）备用设备被盗概率大； （2）铜、钢等金属设备被盗概率大
	蓄意破坏电力设施	所有电力设备	电力设施被人为故意破坏	电力设施被人为故意破坏
	小动物引发短路	配电箱、环网柜、配电室、开关柜等	（1）啮齿类动物咬坏绝缘导致故障； （2）动物身体造成相间短路或接地故障	箱、柜式配电设备封堵不严、防动物措施不到位
自然因素	大风倒杆	杆塔	（1）夏季大风倒杆： 夏季强对流天气大风造成线路附近的树木倒断砸线； （2）冬季大风倒杆： 冬季冻雨形成线路覆冰，导致线路迎风面积增大，大风导致线路剧烈舞动，超过杆塔承受能力	（1）预应力杆倒断情况严重； （2）整线连续多基杆塔倒断现象明显； （3）倒断杆塔设计标准低、质量差、老化严重； （4）受人类活动影响（耕田、养鱼等），土质松软、埋深变浅； （5）杆塔施工时埋深不足或缺少卡盘，或拉线设置不合理
	雷击故障	架空导线、配电变压器等	（1）雷击断线：尤其是架空绝缘线易受雷击断线； （2）雷击跳闸：线路附近大型建筑、树木、高压线引雷后，对配电网线路形成感应过电压，造成跳闸； （3）雷击造成设备损坏：雷闪络后，工频续流未被有效控制，造成设备烧毁	（1）配电网线路、设备防雷设施或装置缺失； （2）平原地区配电网直击雷跳闸概率低，感应雷跳闸概率高，且多为相对地闪络； （3）山区、丘陵等高位置线路易受直击雷击，且多为相间闪络； （4）雷击断线多发生在架空绝缘线上
	污闪	绝缘子	（1）大雾、小雨等潮湿天气下绝缘子上的工业和自然污秽物引发闪络； （2）冬季污染的冰雪覆盖绝缘子表面，引发污闪； （3）酸雨酸雾、盐雾引起污闪	（1）小雨、大雾等潮湿天气多发； （2）重污染区域多发； （3）绝缘子选型不当易引发污闪； （4）沿海盐雾较重的区域

场景大类	停电事件场景	故障对象	场 景 描 述	场 景 特 征
自然因素	凝露	开关柜、环网柜、配电室	（1）电缆沟水汽进入柜体设备内，形成凝露； （2）土壤中水汽蒸发进入柜体内部，形成凝露； （3）设备运行时发热，与晚间外界环境温度形成冷热温差，导致凝露； （4）南方地区、山谷、地下室等易潮湿区域多发	（1）凝露导致绝缘体沿面闪络； （2）凝露导致机构锈蚀卡死； （3）凝露引起二次回路短路，触发开关误动； （4）凝露导致导体对柜体放电； （5）多发生在开关柜、电缆分支箱、环网柜等封闭式设备中； （6）电缆沟上方的封闭设备容易发生凝露； （7）空气湿度大、温差大的区域易发生； （8）备用间隔故障概率较高
	积雪、覆冰	架空导线、地线、绝缘子、横担等	（1）导线过载荷，导致断线和倒杆； （2）不均匀覆冰积雪或不同期脱冰导致直线杆受力不均，引起倒杆； （3）覆冰引起绝缘子闪络（冰闪）； （4）覆冰脱落引起导线舞动碰线； （5）覆冰、积雪导致横担折弯损坏	（1）线路杆塔高差较大时，覆冰加剧不平衡载荷导致倒杆； （2）山地、线路交叉跨越等区域档距超标情况下多发； （3）杆塔两侧导线覆冰、积雪不均匀时多发； （4）覆冰融化时易发生闪络或舞动碰线
	水淹	配电室（地下室配电变压器及配电设施）、杆塔	（1）底层地下室配电房被淹； （2）地势低洼的配电室、环网柜等被淹； （3）洪水冲毁杆塔基础	（1）夏季暴雨天气多发； （2）城市内涝区域多发； （3）山洪多发地区频发
	外部火灾	架空线路、配电变压器等	（1）山火烧毁配电设施导致短路，或者导致空气绝缘性能下降引起相间短路； （2）农民烧秸秆，导致空气绝缘性能下降引起相间短路造成线路跳闸	（1）山林地区多发； （2）农田地区多发
施工设计	规划、设计不周	全部设备	（1）大跨距（跨越沟、河、山谷等地形地貌）同杆架设导线弧垂过大碰线、交叉跨越线路弧垂过大碰线； （2）大跨距线路电动力导致碰线、风偏导致碰线； （3）设计时未安装驱鸟器，鸟群聚集在杆塔金具、线路上导致短路； （4）杆塔两侧线路多次分段改造后，线路截面积不同，杆塔受力不平衡导致倒杆、倾斜； （5）避雷器接地电阻不合格	（1）规划不周； （2）设计不当

场景大类	停电事件场景	故障对象	场景描述	场景特征
施工设计	施工安装	全部设备	（1）线夹、接头接触不良发热烧断导线； （2）杆塔地基附近土地松软，或一侧存在沟渠； （3）杆塔施工时埋深不足或缺少卡盘，或拉线设置不合理； （4）电缆终端制作过程中损伤主绝缘导致闪络、接地、击穿； （5）接头应力锥安装工艺不合格，造成局部位置电场应力集中，电缆击穿； （6）主绝缘打磨质量低引发沿面放电击穿	（1）施工安装质量不良； （2）工艺不过关
设备原因	产品质量	全部设备	（1）正常工作状态下避雷器内部发生沿阀片表面的闪络； （2）绝缘子炸裂； （3）电缆本体绝缘层中存在杂质，导致绝缘劣化； （4）开关类设备故障	（1）设备本身的结构设计； （2）制造工艺； （3）部件材料选择不合格
	设备老化	全部设备	（1）线径过细、线路老化断线； （2）开关设备的闪络、短路、烧毁等	（1）设备临近或超出服役期； （2）长期运行在非正常工作条件
运行维护	运行管理不当	全部设备	（1）误操作； （2）反措（反事故技术措施）落实不力； （3）树线矛盾； （4）企业直接组织或由其管理的转包工程造成的停电	（1）设备运行管理的规程不当； （2）未按照规程要求开展运行管理
	检修试验质量不良	全部设备	（1）线路及其附属故障的断线、接地、损毁、开焊、击穿等； （2）电缆线路及其附属的过热、闪络、短路、爆炸等； （3）开关类设备各类故障	未按照规程或规定要求进行设备检修、调试
用户内部故障	用户所属配电变压器及其低压侧附属设备	配电变压器及其低压侧附属设备	（1）配电变压器本体烧损； （2）配电变压器接线柱烧损； （3）连接线断线； （4）JP柜（配电变压器综合配电柜）内部线路故障； （5）剩余电流动作保护器频繁跳闸	（1）设备长期过负荷； （2）设备老化； （3）设备本体质量缺陷； （4）运行管理不到位，未及时发现缺陷； （5）台区漏电情况严重
	用户所属低压线路及附属故障	连接线；低压集束线，低压熔断器、隔离开关故障；下户线	（1）接地； （2）短路； （3）漏电； （4）断线	（1）低压线路老旧、线径较细、不满足负荷需求； （2）运维消缺不及时； （3）施工工艺不合格； （4）过负荷； （5）低压设备质量问题

续表

场景大类	停电事件场景	故障对象	场景描述	场景特征
用户内部故障	用户所属表箱及其内部设备故障	表箱及表箱内设备	（1）熔断； （2）接触不良； （3）短路	（1）施工、安装原因； （2）产品质量原因； （3）设备老化； （4）运维消缺不及时； （5）小动物破坏
过负荷	三相不平衡	台区低压线路及设备	线路、设备烧损	（1）新增负荷缺少统筹； （2）运行监测不到位，调相不及时
过负荷	偷漏电	台区低压线路及设备	线路、设备烧损	（1）运维不到位； （2）用户窃电； （3）安全、法制教育不到位
过负荷	度冬、度夏负荷过重	台区低压线路及设备	线路、设备烧损	（1）供电能力不足； （2）电源点落地难； （3）设备老旧、规格标准较低； （4）网架不强，负荷分割不合理

表 2-3 　　　　　　　　　　10 kV 架空线路及其附属故障

停电事件场景	故障对象	场景描述	场景特征
大跨距碰线	架空线路	（1）大跨距（跨越沟、河、山谷等地形地貌）同杆架设导线弧垂过大导致碰线； （2）大跨距（跨越沟、河、山谷等地形地貌）交叉跨越线路弧垂过大导致碰线； （3）大跨距线路电动力导致碰线； （4）大跨距线路风偏导致碰线	（1）线路因跨越沟、河、山谷、铁路、公路等地形地貌或障碍物，跨距较大； （2）存在大风、故障电动力、覆冰脱落等扰动因素； （3）裸导线碰线引发故障概率高
导线脱落	架空线路	（1）大风导致线路绑扎松动脱落； （2）短路电流电动力导致绑扎松动脱落； （3）异物砸线	（1）以架空线路为主； （2）线路受到明显的外力作用
导线断线	架空线路	（1）雷击断线； （2）线径过细、线路老化断线； （3）树线矛盾、线房矛盾导致的接地故障电弧烧断线路； （4）线夹、接头接触不良发热烧断导线； （5）异物砸线	（1）电弧或雷电工频续流等导致的热效应烧断线路； （2）线路受到明显的外力作用； （3）接触不良造成的热效应积累引起断线
杆塔倒断	杆塔	（1）杆塔两侧线路多次分段改造后，线路截面积不同，杆塔受力不平衡导致倒杆、倾斜； （2）杆塔地基附近土地松软，或一侧存在沟渠； （3）受人类活动影响（耕田、养鱼等），土质松软，埋深变浅；	（1）直线杆两侧受力不均； （2）地基选址不合理或者施工工艺不合格； （3）产品质量原因； （4）设备老化，早期的设备规格低；

停电事件场景	故障对象	场 景 描 述	场 景 特 征
杆塔倒断	杆塔	（4）杆塔施工时埋深不足或缺少卡盘，或拉线设置不合理； （5）老旧杆塔风化、锈蚀严重，导致倾斜、倒断	（5）预应力杆抗拉强度低，易脆断
避雷器损坏	避雷器	（1）避雷器连接线松动或老化断线； （2）避雷器接地电阻不合格； （3）正常工作状态下避雷器内部发生沿阀片表面的闪络； （4）雷击造成避雷器阀片击穿； （5）避雷器绝缘外套表面积雪、积污造成沿面闪络	（1）避雷器老化失效问题严重，安装后缺少定期试验； （2）避雷器接线及接地电阻未及时校验； （3）避雷器质量存在问题，密封不严或存在绝缘缺陷； （4）积雪或覆冰时的外表面闪络
绝缘子故障	绝缘子	（1）污闪、冰闪； （2）绝缘子炸裂； （3）雷击击穿、闪络； （4）外力破坏； （5）鸟害	（1）"瓷包铁"式针式绝缘子易产生裂纹，进而引发导线对绝缘子钢角的放电； （2）针式绝缘子的裂纹通常由雷击、污秽、鸟害、冰雪等造成； （3）绝缘子缺陷未被运维人员及时发现； （4）绝缘子选型未满足防污要求
金具故障	金具	（1）老化锈蚀导致裂纹、开焊； （2）外力或载荷不平衡导致变形、松动、位移； （3）雷击等故障导致发热、熔断； （4）鸟害	（1）金具选型不合理； （2）金具安装工艺不合格； （3）金具受外力破坏； （4）金具受线路拉力不平衡； （5）金具碰线导致接地或短路故障； （6）鸟巢导致导体对金具放电
跌落式熔断器故障	跌落式熔断器	（1）烧损； （2）锈蚀卡死未能有效跌落； （3）高压端子对金属抱箍放电	（1）喷射式熔断器质量不良； （2）喷射式熔断器安装时熔丝引线未紧固到位； （3）熔断器锈蚀，鸭嘴部卡死造成不能正常脱落； （4）支撑绝缘子绝缘性能下降
线夹烧毁	线夹	（1）烧损； （2）脱落； （3）锈蚀氧化	（1）过负荷； （2）接触面质量差造成接触电阻超标； （3）线夹选型不合理； （4）老旧锈蚀接触电阻超标； （5）施工工艺不良造成接触电阻超标

表 2-4　　　　　10 kV 电缆线路及其附属设备故障

停电事件场景	故障对象	场 景 描 述	场 景 特 征
电缆本体绝缘老化故障	电缆本体	（1）用户电缆长期过负荷运行、通风不良情况下，绝缘老化； （2）电缆采用排管等方式密集排	（1）电缆长期过负荷运行； （2）电缆本体散热不良； （3）电缆本体绝缘质量存在问题；

续表

停电事件场景	故障对象	场 景 描 述	场 景 特 征
电缆本体绝缘老化故障	电缆本体	列时散热效果差，导致局部过热绝缘老化； （3）电缆本体绝缘层中存在杂质，导致绝缘劣化； （4）电缆运行环境恶劣导致绝缘层腐蚀； （5）电缆本体过度弯折破坏绝缘	（4）电缆周围的酸碱性土壤导致腐蚀； （5）施工工艺不合格造成电缆绝缘损伤
电缆终端故障	电缆终端	电缆终端制作过程中损伤主绝缘导致闪络、接地、击穿	（1）电缆接头制作工艺不良（使用材质不良、制作工艺不合格），加之运行环境恶劣（常存在浸水问题）； （2）电缆接头制作环境潮湿，导致接头内部潮湿
电缆中间接头故障	电缆中间接头	（1）电缆接头防水密封不良，接头进水引发放电； （2）电缆中间接头过度弯折被击穿； （3）接头应力锥安装工艺不合格，造成局部位置电场应力集中，电缆击穿； （4）主绝缘打磨质量低引发沿面放电击穿	（1）电缆中间接头施工工艺不良造成故障； （2）中间接头浸水或运行环境恶劣

表 2-5　　　　　　　　　开 关 类 设 备 故 障

停电事件场景	故障对象	场 景 描 述	场 景 特 征
开关类设备故障	断路器	（1）闪络； （2）短路； （3）缺相； （4）漏气； （5）操动机构不灵； （6）拒动、误动	（1）设备质量问题； （2）安装、施工不合格； （3）装置控制器定值设置不当或判据可靠性低； （4）设备老化、绝缘劣化； （5）运维消缺不及时
	隔离开关	（1）绝缘子闪络； （2）触头烧毁； （3）连接线断裂	（1）绝缘子表面污秽闪络； （2）触头老化、松动，接触电阻过大； （3）开关锈蚀； （4）消缺不及时； （5）长期过负荷运行
	负荷开关	（1）开关内部放电； （2）开关内置的互感器故障导致开关内部短路； （3）开关误动、拒动； （4）操动机构失灵	（1）SF_6 断路器本体密封不严，导致内部绝缘性能下降； （2）内置互感器故障导致短路； （3）产品质量原因，设备老化； （4）检修试验质量不良，运维消缺不及时； （5）开关外置电压互感器故障

表 2-6 配电变压器及其低压侧附属设备故障

停电事件场景	故障对象	场 景 描 述	场 景 特 征
配电变压器及其低压侧附属设备故障	配电变压器及其低压侧附属设备	(1) 配电变压器本体烧损; (2) 配电变压器接线柱烧损; (3) 连接线断线; (4) JP 柜内部线路故障; (5) 剩余电流动作保护器频繁跳闸	(1) 设备长期过负荷; (2) 设备老化; (3) 设备本体质量缺陷; (4) 运行管理不到位,未及时发现缺陷; (5) 台区漏电情况严重

表 2-7 低压线路及附属设备故障

停电事件场景	故障对象	场 景 描 述	场 景 特 征
低压线路及附属设备故障	连接线;低压集束线、熔断器、隔离开关;下户线	(1) 接地; (2) 短路; (3) 漏电; (4) 断线	(1) 低压线路老旧、线径较小、不满足负荷需求; (2) 运维消缺不及时; (3) 施工工艺不合格; (4) 过负荷; (5) 低压设备质量问题

表 2-8 表箱及其内部设备故障

停电事件场景	故障对象	场 景 描 述	场 景 特 征
表箱及其内部设备故障	表箱及表箱内设备	(1) 熔断; (2) 接触不良; (3) 短路	(1) 施工、安装原因; (2) 产品质量原因; (3) 设备老化; (4) 运维消缺不及时; (5) 小动物破坏

第3章 配电网故障停电防治能力提升技术

3.1 基于配电网发展规划的故障停电防治能力提升技术

3.1.1 基于网格化规划一体化管理的故障停电防治能力提升技术

配电网网格化规划是指与城乡规划紧密结合，以地块用电需求为基础，以目标网架为导向，将配电网供电区域划分为若干供电网格，并进一步细化为供电单元，分层分级开展配电网规划，解决了传统配电网规划中存在的对网架分析不够细致、接线组别无序联络增多、线路供电区域不清晰、业扩负荷无序接入、线路交叉迁回、支线多级放射、电源舍近求远等问题。

2018 年 6 月，国家电网有限公司下发了《国家电网有限公司配电网网格化规划指导原则（试行）》，要求按照"供电区域、供电网格、供电单元"三级网格开展网格化规划工作。该规划方法以问题诊断为基础、以标准网架为导向、以项目落地为抓手，将供电区域划分为供电网格开展目标网架研究，将供电网格细化为供电单元，开展网架方案深化研究、过渡方案优化和规划项目量化分析。

通过网格化管理手段，将规划、建设、运维、营销等多个部门管理范围深度融合，主要表现在：

（1）通过在各供电单元制定目标网架并实施，实现每个网格的独立供电，形成网架清晰的配电网结构，在提升供电效率的同时，也利于在故障发生后进行及时、准确的负荷切倒和故障抢修工作。

（2）进行网格规划改造后，运维工作目标清晰，避免了因为供电范围互相交叉、网点多等管理模式的落后而导致的转电操作复杂、难以巡查故障根源、运维工作无法顺利开展等问题。网格化管理，使线路更加清晰、管理更加明确，提升了运维质量，简化了运维工作的难度。

（3）可充分利用网格化供电区域内的信息化、智能化技术手段，对本供电网格、本单元内的用电大数据进行实时分析，便于监测设备运行状态，对异常事件进行预测、告警和消缺，进而做到对故障的提前防治。

3.1.2 基于配电网规划目标网架的故障防治能力提升技术

在配电网规划时，除考虑区域负荷发展与电力供应之间的平衡关系外，还应重点考虑不同供电区的供电可靠性要求和相关目标网架的建设原则。不同供电区域的推荐电网结构见表 3-1。

表 3-1 不同供电区域的推荐电网结构

供电区域类型	推 荐 电 网 结 构
A+、A 类	架空网：多分段适度联络
	电缆网：双环式、单环式、n 供一备（$2 \leqslant n \leqslant 4$）
B 类	架空网：多分段适度联络
	电缆网：单环式、n 供一备（$2 \leqslant n \leqslant 4$）
C 类	架空网：多分段适度联络
	电缆网：单环式
D 类	架空网：多分段适度联络、辐射式
E 类	架空网：辐射式

3.1.3 配电线路分段优化技术

配电线路分段优化配置，是通过确定馈线上断路器、负荷开关、隔离开关、切换开关和分支线上熔断器的安装数量和最佳位置，改变线路的分段运行方式，提高系统的供电可靠性。该方法的优点在于可以强化网络的拓扑结构，提高设备的利用率，缩小故障的影响范围，提高供电的可靠性。一般来说，配电网中分段开关和联络开关越多，每一段上所供的用户就越少，那么每次计划停运或故障停运所能影响的用户就越少，可靠性就越高，但若纯粹是为了提升供电可靠性而增设开关却是不合理、不经济、不符合实际情况的。

本小节综合考虑可靠性及经济性，主要研究中压架空馈线上网架结构及负荷分布明确这种情况下的开关优化配置问题。由于中压架空馈线上网架结构及负荷分布不明确时，研究所运用的理想模型跟实际结构有较大的出入，因此研究意义不是很大，所以不考虑这种情况，而是重点研究网架结构及负荷分布明确时的基于开关优化备选位置的线路分段优化算法。对于网架结构及负荷分布明确的中压架空线路，定义了"节点和线路段""受益负荷"和"隔离线路长度"的基本概念，以"受益负荷"和"隔离线路长度"乘积最大作为有无联络线路的开关定位判据，提出了对于有无联络线路开关备选优化位置的概念和直观确定方法。

1. 配电系统可靠性指标和开关优化方法基础

（1）指标体系。配电系统拥有一套完整的指标体系，这些可靠性指标是对配电网络可靠性进行定量评估的标尺，它们可以直接反映电力系统对用户可靠性供电的能力和工业用电部门对电能质量的满意程度。但是，可靠性评估指标种类很多，若对所有的指标都进行评估，工作量较大，指标间关系复杂，且效果不明显。供电可靠率指标已经逐渐成为衡量一个供电企业的重要标准，同时也是供电企业达标创一流的必达指标，它不但可对当前电网的综合管理水平和状况进行直接反映，还是系统结构和运行特性的一种体现。因此，对作为供电可靠率主要统计评价指标的用户平均停电时间等进行估算具有十分重要的指导意义。

考虑到供电可靠率指标逐渐成为体现供电企业诚信的主要标准之一，因此本节模型对系统平均持续停电时间（system average interruption duration index，SAIDI）进行评估。SAIDI 表征为在规定的时间内（通常采用一年）系统中每一个供电用户所感受的总停电时间。

$$\text{SAIDI} = \frac{\text{用户停电持续时间总和}}{\text{用户总数}} = \frac{\sum U_i N_i}{\sum N_i} \tag{3-1}$$

式中　U_i——第 i 个负荷点每年停电的平均时间。

在配电网中，设备元件停运可能会造成线路的停运，产生系统缺电量，给各个产业带来损失。因此，也应对系统总供电量不足指标（energy not supply，ENS）进行评估，将系统缺供电时间与缺供电量进行综合考虑。ENS 表征为系统在给定时间内供给不足的电量，单位是 kWh/年。

$$\text{ENS} = \text{系统总的供给不足的电量} = \sum L_i U_i \tag{3-2}$$

式中　L_i——通过负荷点 i 所供电的平均负荷量。

（2）配电网开关分段优化基本定义。本节研究中所指的开关仅针对配电网架空线路负荷开关和断路器进行研究。

首先，定义线路"最小分段数"为满足规定可靠率指标的线路最小分段数，以达到尽量节省投资的目的；定义"最大有效分段数"为使可靠率提升效果明显（SAIDI 下降幅度大于 5%）的线路最大分段数，以达到尽量有效提高线路可靠率为目的。分别以长度为 6 km 的有联络和辐射型架空线为例做进一步说明。可计算得到这两条线路的系统平均停电持续时间（SAIDI）随线路分段数增加而减小的变化情况，如图 3-1 所示（假定要求 SAIDI<2.5 h）。

1）当分段数较小时，随着分段数的增加，线路的 SAIDI 减小幅度较大；但当分段数较大时，随分段数的增加，SAIDI 减小的幅度越来越小。

2）对于长度为 6 km 的有联络的线路，当分段数为 3 时，联络型线路 SAIDI 正好为 2.5 h；继续分段时，SAIDI 下降幅度仍十分明显；直至分段数为 9 时，进一步分段效果不再明显（下降幅度小于 5%）。因此，3 段和 9 段分别为该线路的最小分段数和最大有效分段数。

3）由于该辐射型线路无法满足 SAIDI 小于 2.5 h 的要求，故该线路不存在最小分段数，只有最大有效分段，即 5 分段。

4）相同长度的联络线分段效果明显优于辐射型线路。因此，对于需达到相同指标的单条馈线来说，有联络情况下的最小分段数一般小于辐射型的情况，但其最大有效分段数一般大于辐射型的情况。

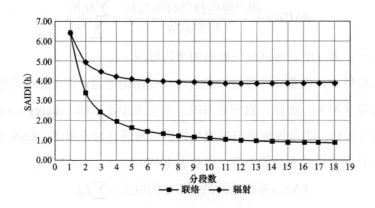

图 3-1　架空联络线及辐射线 SAIDI 随线路分段数的变化曲线

（3）可靠性与经济参数。配电网理论计算供电可靠率控制目标如表 3-2
所示。

表 3-2　　　　　　　　　配电网理论计算供电可靠率控制目标

负荷分区	A 类	B 类	C 类	D 类	E 类	F 类
负荷密度 （MW/km^2）	30 及以上	20～30	10～20	5～10	1～5	<1
所属区域	中心区	一般市区	郊区及城镇	郊区及城镇	城镇	乡村
可靠率（%）	>99.999	>99.99	>99.97	>99.93	>99.79	>99.4
用户平均停电时间	<5.2 min	<52.5 min	<2.5 h	<6 h	<18 h	<46 h
供电距离（km）	2	4	6	8	10	15

基于国内部分区域电网可靠性参数的调研结果，此处可靠性指标的计算中
相关可靠性参数设定如表 3-3 所示。

表 3-3　　　　　　　架空线路各分区理论计算供电可靠率参数设定

负荷分区	是否自动化	λ_1	t_1	λ_2	t_2	λ_{k1}	t_{k1}	t_{cd}
A、B 类	是	0.05	2	0.05	2	0.005	4	0.5
A、B 类	否	0.05	4	0.05	4	0.005	4	1.5
C、D 类	否	0.05	4	0.2	4	0.005	4	1.5
E、F 类	否	0.07	8	0.4	8	0.005	4	1.5

注：λ_1 为线路故障率，次/（年·km）；t_1 为线路故障修复时间，h；λ_2 为线路计划停运率，
　　次/（年·km）；t_2 为线路计划停运时间，h；λ_{k1} 为开关故障率，次/（台·年）；t_{k1} 为开关故
　　障修复时间，h；t_{cd} 为巡线倒闸时间，h。

2. 基于备选优化安装位置的分段优化模型和算法研究

（1）基本定义。

1）开关受益用户、受益负荷和隔离线路长度。将因某开关动作而减少的
停电负荷（如开关为断路器）或停电时间减小的负荷（如开关为隔离开关）定
义为该开关的受益负荷；将引起某开关动作的停电区域线路总长度定义为该开
关的隔离线路长度。

如图 3-2 所示，设 L_1 为分段开关 K1 到电源点的干线长度和 B1 分支的总
和；L_2 为分段开关 K1 与分段开关 K2 之间的主干线长度和分支线 B2 的长度

总和；L_3 为 K2 下游主干线长度及分支线 B3 的长度的总和。分段开关 K1 的受益用户（负荷）为电源点与 K1 之间的总用户数 n_1（负荷 P_{n1}），即 $P_1 \sim P_5$，K1 的隔离线路长度为 L_2，记为 l_1；分段开关 K2 的受益负荷为电源点与 K2 之间的总用户数 n_2（负荷 P_{n2}），即 $P_1 \sim P_{10}$，K2 的隔离线路长度为 L_3，记为 l_2。

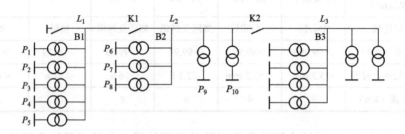

图 3-2   开关受益负荷和隔离线路长度示意图

2）节点、线路段和线路段电源端。定义配电变压器的接入点和分支线的 T 接点为节点；两相邻接点之间的线路定义为线路段（线路段中间不存在负荷）。每一线路段都有两个末端，靠近主供电源（或备用电源）的一端定义为线路段的电源端。辐射型线路段只有一个电源端；有联络线路段两端都为电源端，靠近主电源的一端为主电源端，靠近备用电源的一端为备用电源端。

（2）开关定位判据。

1）无联络线路。如图 3-2 所示的一条单辐射线路，安装开关在不同的位置会有不同的效果，这里对安装位置对结果的影响进行了研究。线路总长度为 L，总用户数为 N，负荷总容量为 P。需在该线路上安装两个分段开关 K1、K2，开关 K1 上游到电源点的部分（包括分支线）的长度为 L_1，用户数为 N_1，负荷容量为 P_1；分段开关 K1、K2 之间的部分（包括分支线）的线路长度为 L_2，用户数为 N_2，负荷容量为 P_2；开关 K2 下游到线路末端的部分（包括分支线）的长度为 L_3，用户数为 N_3，负荷容量为 P_3。

若目标函数只考虑系统平均停电时间 SAIDI，安装前的馈线 $SAIDI_{bef}$ 可表示为：

$$\text{SAIDI}_{\text{bef}} = \frac{\lambda L t_1 N}{N} = \lambda L t_1 \tag{3-3}$$

安装分段开关后的馈线 $\text{SAIDI}_{\text{aft}}$ 为：

$$\begin{aligned} \text{SAIDI}_{\text{aft}} &= \frac{\lambda[L_1 t_1 + (L_2 + L_3)t_2]N_1 + \lambda[(L_1 + L_2)t_1 + L_3 t_2]N_2 + \lambda(L_1 + L_2 + L_3)N_3}{N_1 + N_2 + N_3} \\ &= \lambda L t_1 + [L_2 N_1 + L_3(N_1 + N_2)]\frac{\lambda(t_2 - t_1)}{N} \end{aligned} \tag{3-4}$$

式中　t_1——故障修复时间；

　　　t_2——L_2 故障时 L_1 线路上负荷感受到的停电时间（K 为断路器时，t_2 为 0；K 为负荷开关时，t_2 为故障定位隔离及开关倒闸时间）；

　　　λ——线路故障率。

安装开关 K 后系统平均停电持续时间的减少值 ΔSAIDI 为：

$$\Delta\text{SAIDI} = [L_2 N_1 + L_3(N_1 + N_2)]\frac{\lambda(t_1 - t_2)}{N} \tag{3-5}$$

当有 y 个开关时，线路分为 $y+1$ 段，则：

$$\Delta\text{SAIDI} = [L_2 N_1 + L_3(N_1 + N_2) + \cdots + L_{y+1}(N_1 + N_2 + \cdots + N_y)]\frac{\lambda(t_1 - t_2)}{N} \tag{3-6}$$

因 λ、t_1、t_2、N 均为定值，若要安装开关后 ΔSAIDI 最大，则 $[L_2 N_1 + L_3(N_1 + N_2) + \cdots + L_{y+1}(N_1 + N_2 + \cdots + N_y)]$ 需为最大，根据上面定义的受益用户和隔离线路长度：$n_1 = N_1$，$n_2 = N_1 + N_2$，$l_1 = L_2$，$l_2 = L_3$。即求 $l_1 n_1 + l_2 n_2 + \cdots + l_y n_y$ 最大。

同理，若采用系统指标 ENS 为目标函数，则以 $[L_2 P_1 + L_3(P_1 + P_2) + \cdots + L_{y+1}(P_1 + P_2 + \cdots + P_y)]$ 最大为原则确定分段开关位置。

若采用复合指标 $R(n)$ 为目标函数，可得到的判据为 $L_2\left(W_1\dfrac{N_1}{N} + W_2 P_1\right) + L_3\left[W_1\dfrac{N_1 + N_2}{N} + W_2(P_1 + P_2)\right] + \cdots + L_{y+1}\left[W_1\dfrac{N_1 + N_2 + \cdots N_y}{N} + W_2(P_1 + P_2 + \cdots + P_y)\right]$ 最大，其中 $W_1\dfrac{N_1}{N} + W_2 P_1$ 可看作等效受益负荷（记作 X_1），则以 $[L_2 X_1 + L_3(X_1 + X_2) + \cdots + L_{y+1}(X_1 + X_2 + \cdots + X_y)]$ 最大为原则确定分段开关位置。

2）有联络线路段。同样以图 3-2 为例，假设其线路末端有联络，那么安装分段开关后的馈线 $SAIDI_{aft}$ 为：

$$SAIDI_{aft} = \frac{\lambda[L_1t_1 + (L_2+L_3)t_2]N_1 + \lambda[L_2t_1 + (L_1+L_3)t_2]N_2 + \lambda[L_3t_1 + (L_1+L_2)t_2]N_3}{N_1 + N_2 + N_3}$$

$$= \lambda Lt_1 + [(L_2+L_3)N_1 + (L_1+L_3)N_2 + (L_1+L_2)N_3]\frac{\lambda(t_2-t_1)}{N}$$

$$= \lambda Lt_1 + [(L-L_1)N_1 + (L-L_2)N_2 + (L-L_3)N_3]\frac{\lambda(t_2-t_1)}{N}$$

$$\text{（3-7）}$$

安装开关 K 后系统平均停电持续时间的减少值 $\Delta SAIDI$ 为：

$$\Delta SAIDI = [(L-L_1)N_1 + (L-L_2)N_2 + (L-L_3)N_3]\frac{\lambda(t_1-t_2)}{N} \quad \text{（3-8）}$$

当有 y 个开关时，线路分为 $y+1$ 段，则：

$$\Delta SAIDI = [(L-L_1)N_1 + (L-L_2)N_2 + \cdots + (L-L_{y+1})N_{y+1}]\frac{\lambda(t_1-t_2)}{N} \quad \text{（3-9）}$$

因 λ、$t1$、$t2$、N 均为定值，若要安装开关后 $\Delta SAIDI$ 最大，则 $[(L-L_1)N_1 + (L-L_2)N_2 + \cdots + (L-L_{y+1})N_{y+1}]$ 需为最大。

同理，若采用系统指标 ENS 为目标函数，则以 $[(L-L_1)P_1 + (L-L_2)P_2 + \cdots + (L-L_{y+1})P_{y+1}]$ 最大为原则确定分段开关位置。

若采用复合指标 $R(n)$ 为目标函数，可得到的判据为 $\left[(L-L_1)\left(W_1\frac{N_1}{N} + W_2P_1\right) + \right.$

$\left.(L-L_2)\left(W_1\frac{N_2}{N} + W_2P_2\right) + \cdots + (L-L_{y+1})\left(W_1\frac{N_{y+1}}{N} + W_2P_{y+1}\right)\right]$ 最大，其中 $W_1\frac{N_1}{N} + W_2P_1$

可看作等效受益负荷（记作 X_1），则以 $[(L-L_1)X_1 + (L-L_2)X_2 + \cdots + (L-L_{y+1})X_{y+1}]$ 最大为原则确定分段开关位置。

（3）分段优化模型。

1）目标函数。为综合考虑配电网的停电时间和缺供电量，评估中采用了如下的多目标函数：

$$\min R(n) = W_1 \times SAIDI(n) + W_2 \times ENS(n) \quad \text{（3-10）}$$

$$W_1 + W_2 = 1 \quad \text{（3-11）}$$

式中　　n ——分段数；

　　　　$R(n)$ ——分段数为 n 时的综合指标的大小；

SAIDI(n)——分段数为 n 时的系统平均持续时间；

ENS(n)——分段数为 n 时的系统电量不足的大小；

W_1 和 W_2——各指标计算时所占权重。

2）约束条件。

①等式约束（如电网节点功率平衡方程）：

$$h(x)=0 \tag{3-12}$$

②不等式约束（如节点电压上下限和设备容量约束）：

$$y(x)\leqslant 0 \tag{3-13}$$

③最大有效分段条件约束：

$$\Delta R(n)/R(n)>\varepsilon \tag{3-14}$$

其中，$\Delta R(n)=R(n)-R(n-1)$，ε 为线路每增加一个分段 R 需要大于的最小减少率（如 0.05）。

④投资约束：

$$(n-1)c\leqslant C_0 \tag{3-15}$$

式中　c——分段开关的单价；

C_0——分段开关的总投资费用上限。

⑤可靠率约束：

$$R(n)>R_0 \tag{3-16}$$

式中　R_0——需要满足的可靠性指标。

定义惩罚函数：

$$F(n,x,\sigma)=R(n)+\sigma P(n,x) \tag{3-17}$$

其中，

$P(n,x)=[\max\{0,y(x)\}]^2+[\max\{0,(n-1)c-C_0\}]^2+[\max\{0,R_0-R(n)\}]^2+|h(x)|^2$，$\sigma\to+\infty$。即将有约束条件的式（3-14）转化为无约束条件的式（3-18）：

$$\min F(n,x,\sigma)=R(n)+\sigma P(n,x) \tag{3-18}$$

（4）开关备选安装位置选择。由于开关位置可以放在每个线段的任意位置，可以找出每个线段的最佳备选位置，这样一旦该线路段安装开关，就在备选安装位置上选择。

1）无联络线路段。对于无联络线段（包括有联络线路中的无联络分支线），根据开关定位判据，开关的备选位置由式（3-19）确定：

$$\max\{[L_2X_1 + L_3(X_1 + X_2) + \cdots + L_{y+1}(X_1 + X_2 + \ldots + X_y)]\} \qquad (3\text{-}19)$$

式中　$(X_1 + X_2 + \cdots + X_i)$——序号为 i 的备选位置开关的受益负荷；

$\qquad\qquad L_{i+1}$——序号为 i 的备选位置开关的隔离线路长度。

可知，要得到式（3-19）最大值，无联络分支线的开关备选安装位置只能位于其电源端（或靠近负荷接入点或支线 T 接点线路下游位置），如图 3-3 中黑色圆点表示的 A 位置和 B 位置。

2）有联络线路段。有联络线路可看作是具有双端电源的线路，如图 3-4 所示。负荷上游开关的作用为隔离其上游线路元件停运（故障或检修）；下游开关的作用为隔离其下游线路元件停运。

根据开关定位判据，开关的备选位置由式（3-20）确定：

$$\max\{[(L-L_1)X_1 + (L-L_2)X_2 + \cdots + (L-L_{y+1})X_{y+1}]\} \qquad (3\text{-}20)$$

可知，要得到式（3-20）最大值，有联络分支线的开关备选安装位置如图 3-4 中黑色圆点表示的位置。

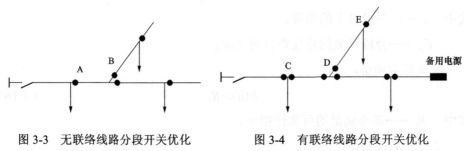

图 3-3　无联络线路分段开关优化　　　　图 3-4　有联络线路分段开关优化

　　　　备选位置示意图　　　　　　　　　　　　备选位置示意图

有联络线路分段开关优化（备选）安装位置位于各线路段两个电源端，即位于主干线（由联络线或备用电源至主电源最短路径）中线路段的两端（如图 3-4 中 C 位置和 D 位置）。

（5）开关具体安装位置确定。

1）根据线路有无联络，将所有备选安装位置作为待定位置。

2）在 n 个开关待选位置上选择 y 个位置进行开关安装，可根据式（3-17）、式（3-18）分别计算出 $C(n, y)$ 种组合方案的目标函数值，找出最优位置（可利用软件自动计算找出），即为安装 y 个开关下的最优开关位置。y 的值可以从小往大依次选取，直到达到所需的可靠性指标、最大有效分段数或投资约束为止。

（6）算法流程。算法流程如图 3-5 所示。

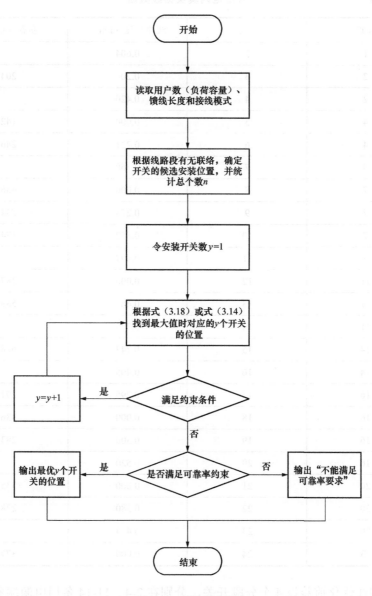

图 3-5 算法流程图

3. 算例及分析

表 3-4 为某配电网真实馈线数据，该馈线为有联络馈线，利用本节方法优

化并进行效果对比。λ、t_1、t_2 取值同表 3-3。开关备选位置分布如图 3-6 所示，优化结果如图 3-7 所示。

表 3-4　　　　　　　　　　　某配电网真实馈线数据

起点	终点	线路长度（km）	负荷（kW）
1	2	0.604	
2	3	0.204	204
2	4	0.420	
4	5	0.000	142
4	6	0.231	246
4	7	0.368	
7	8	0.000	436
7	9	0.273	234
7	10	0.852	174
7	11	0.497	
11	12	0.000	387
11	13	0.465	589
11	14	0.373	
14	15	0.742	628
14	16	0.405	
16	17	0.295	291
16	18	0.000	336
16	19	0.300	283
16	20	0.520	
20	21	0.000	335
20	22	0.380	278
20	23	0.434	
23	24	0.000	377

本馈线优化前装设 4 个分段开关，分别在 2-4、11-14 备用电源端和 7-11、16-20 电源端，ENS 为 1.152 MWh/年。利用本节方法进行优化得出的位置为 4-7、7-11、16-20 备用电源端和 14-16 电源端，ENS 为 1.0762 MWh/年。相比优化前，花费不变，ENS 降低了 6.56%，可靠性大大提高。

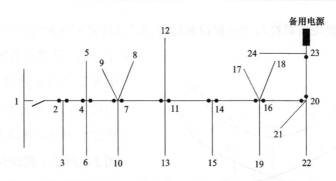

图 3-6　算例二开关备选位置分布图（有联络）

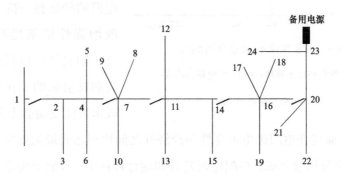

图 3-7　算例二开关最优分布图（有联络）

以上分析针对中压架空馈线上网架结构及负荷分布明确情况下的开关优化配置问题，利用网架结构及负荷分布明确时的基于开关备选位置的优化算法，综合考虑了可靠性及经济性。容易看出，基于开关配置的优化分段，优点在于可以强化配电网的拓扑结构，优化运行条件，有效地提高设备的利用率，缩小故障的影响范围，提高供电可靠性。

3.2　基于配电网结构和设计优化的故障停电防治能力提升技术

3.2.1　树障高发区架空线路入地可行性分析

架空线路经过丘陵、山区地带时，由于通道环境异常复杂，树木生长繁密过高，导致树枝搭线、砸线等树障，造成停电事故，严重影响了供配电的可靠性，而用电缆代替架空线路，即架空线入地，可以大幅减小树障引发的停电影响，但经济性显然也要降低。

配电网供电可靠性与电网建设和运行的经济性是相互制约和相互协调的两个方面。随着电力市场的发展，需要计及可靠性价值，在投资与可靠性水平之间加以权衡。可靠性成本-效益分析曲线如图 3-8 所示。提高供电可靠性，则需增加配电网的投资，会使电网的经济性下降，但若不采取增强性措施提高供电可靠性，则包括停电损失（经济损失和社会影响）在内的电网总成本可能反而会上升。

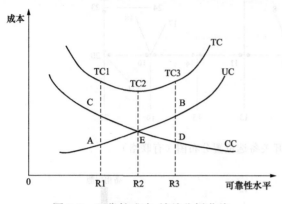

图 3-8   可靠性成本-效益分析曲线

UC—可靠性投资成本曲线；CC—停电损失曲线；

TC—可靠性总费用曲线

因此，如何使电网供电可靠性与经济性之间协调达到最大效益，则需要通过成本-效益分析来完成。在配电网建设和运行过程中，投资费用常常发生在建设初期，此后，每年还需运行维修费、用户停电损失费和残值等费用，后者费用总和往往数倍于投资费用。因此，规划设计人员需从设备投资、运行维修费用、停电损失等多方面综合进行权衡，以确定优化的规划、运行方案。全寿命周期成本（life cycle cost，LCC）原理为该问题的解决提供了有力的工具。

本小节应用 LCC 理论，从设备寿命周期的角度，全面、系统地进行电缆代替架空线路防治树障的配电网可靠性成本-效益分析，为电网决策提供科学依据，在优化资金的使用效率的同时降低配电网停电风险。

1. 电缆代替架空线的可靠性分析

通过评估可得到每次故障引起的停电范围，通过累积可以计算得到每个负荷点的可靠性水平，可靠性评估参数有如下三个：

（1）λ_i：负荷点 i 的平均停电概率；

（2）t_i：负荷点 i 每次停电的平均停电持续时间；

（3）U_i：负荷点 i 年平均停电时间。

由这三个数据可以计算整个供电区域的可靠性评估指标，包括：

（1）系统平均停电频率指标（SAIFI）：

$$SAIFI = \frac{用户停电总次数}{用户总数} = \frac{\sum \lambda_i N_i}{\sum N_i} \tag{3-21}$$

式中　λ_i ——负荷点 i 的平均停电概率；

　　　N_i ——负荷点 i 的用户数；

　　　$\sum \lambda_i N_i$ ——用户总停电次数。

（2）系统平均停电持续时间指标（SAIDI）：

$$SAIDI = \frac{用户停电持续时间总和}{用户总数} = \frac{\sum U_i N_i}{\sum N_i} \tag{3-22}$$

（3）平均供电可用率指标（ASAI）：

$$ASAI = \frac{用户用电小时数}{用户需电小时数} = \frac{8700 \times \sum N_i - \sum U_i N_i}{8760 \times \sum N_i} \tag{3-23}$$

而根据实际配电网运行统计数据的要求，配电网可靠性统计指标包括：

1）用户平均停电时间：一年中每一用户的平均停电时间。

$$用户平均停电时间 = \frac{\sum (停电持续时间 \times 停电用户数)}{总用户数} \tag{3-24}$$

2）供电可靠率：

$$供电可靠率 = 1 - \frac{用户平均停电时间}{统计期间时间} \times 100\% \tag{3-25}$$

3）系统平均停电频率（SAIFI）：

$$SAIFI = \frac{用户停电总次数}{用户总数} \tag{3-26}$$

本节选用用户平均停电时间作为可靠性指标，对于电缆线路，不会发生树障停电事件，可靠性非常高；对于架空线路，一次树障事件的处理时间一般为 2 h。

2. 电缆代替架空线的经济性分析

全寿命周期成本（LCC）是指一个项目或系统在整个寿命期内所需要的总费用，它包括采办、持有（使用、维修、保障等）和退役处理等费用，是从设备、系统的长期经济效益出发，使总成本最小的一种具有全局性和系统性的理念和方法。

LCC 具有如下显著特点：LCC 的费用并不只是发生在投资初期，而是按时序发生在整个寿命周期内。因此，项目规划时不仅要考虑设备投资，也要考虑降低设备或系统寿命周期内全部成本。必须从全寿命周期角度对配电网进行成本效益分析，才能真实反映实际工程中的现金流水平，提高配电网规划、运行及改造的科学决策水平，合理利用资金。在电网规划过程中应用全寿命周期成本理念，可以在确保电网安全可靠供电的前提下，以更加合理的成本获得更高的经济收益，实现企业资产全寿命周期整体收益成本的最大化。

输电线路（包括架空线和电缆）LCC 主要由初始投资、电能损耗成本、运行维护成本、停电损失成本、退役成本组成，全寿命周期成本在配电工程中的基础模型为：

$$LCC = C_I + C_E + C_M + C_F \tag{3-27}$$

式中　C_I ——初始投资；

　　　C_E ——电能损耗成本；

　　　C_M ——运行维护成本；

　　　C_F ——停电损失成本。

（1）初始投资。初始投资 C_I 发生在线路寿命周期初期，主要包括设备的安装调试费、购置费和其他费用。安装调试费包括业主方运输费、投运前的调试费和建设安装费等。购置费包括现场服务费、设备购买费、供货商运输费及相关税费、专用工具及初次备品备件、保险费等费用。

中压线路的初始投资一般可估算为：

$$C_I = L \times C_0 \tag{3-28}$$

式中　L ——线路长度，km；

　　C_0 ——单位长度的线路投资，万元/km；

（2）电能损耗成本。每年电能损耗成本 C_E 计算公式如下：

$$C_E = \Delta W \mu \times 10^{-4} \tag{3-29}$$

对于架空线，电能损耗主要指导线上的电阻损耗；而对电缆，则还应包括绝缘层损耗，合在一起即：

$$\Delta W = 3I^2 R \times 8760 \times 1000 \tag{3-30}$$

式中　ΔW ——线路年损耗电量，kWh；

　　　I ——线路负荷电流，kA；

R ——单相导体电阻，Ω；

μ ——电力公司每度成本电价，元。

（3）运行维护成本。运行维护成本 C_M 主要包括设备运行中产生的能耗费、日常巡检费、环保费和维护检修成本。能耗费包括设备自身损耗费用以及辅助设备的能耗。日常巡检费包括巡视设备的人工费用和材料费用。维护检修成本则包括日常维护保养、预防性试验费、小修费用、计划性及非计划大修费用。环保费指运行过程中为了满足环保要求而缴纳的环保罚款和额外费用。

$$C_M = C_I \times r \tag{3-31}$$

式中　C_M ——线路检修、维护费；

r ——检修维护率。

（4）停电损失成本。计算停电损失 C_F 考虑两种情况：一是分析公司成本即直接损失，是指停电给供电公司造成的经济损失；二是在公司成本的基础上，进一步考虑社会效益，是指停电对社会和用户造成的损失。

直接损失采用购售电价差×停电时间进行估算，计算公式如下：

$$C_{LOSS1} = P_1 \times t_{AIHC} \times \beta \times 10^{-4} \tag{3-32}$$

式中　C_{LOSS1} ——停电造成的供电公司直接经济损失，万元；

P_1 ——单条线路的平均负荷，kW；

t_{AIHC} ——系统平均停电持续时间，h；

β ——购售电价差，元/kWh。

间接损失可采用度电产值计算。度电产值是指某一时期（年）某一地区内国民生产总值（GDP）与所消耗电能的比值。间接损失计算公式如下：

$$C_{LOSS2} = P_1 \times t_{AIHC} \times k \times 10^{-4} \tag{3-33}$$

式中　C_{LOSS2} ——停电造成的间接经济损失，万元；

P_1 ——单条线路的平均负荷，kW；

t_{AIHC} ——系统平均停电持续时间，h；

k ——度电产值，元/kWh。

因此，停电损失 $C_F = n(C_{LOSS1} + C_{LOSS2})$，$n$ 为线路条数。

综上，输电线路全寿命周期费用规模如图 3-9 所示。

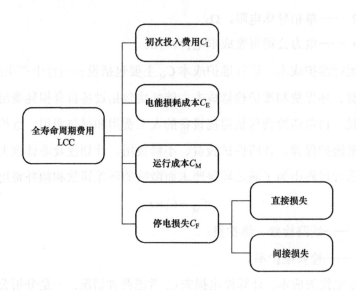

图 3-9　LCC 模型

3. 电缆代替架空线的可行性综合分析

对电缆代替架空线防控树障故障停电进行综合分析，表 3-5 为架空线路和电缆的经济参数。

表 3-5　　　　　　　　　架空线路和电缆的经济参数

项　　目	参　　数	
	架空线路	电缆
线路检修维护率 r（%）	1.5	1.3
10 kV 及以下平均售电价（元/kWh）	0.6	0.6
10 kV 平均购电价 α（元/kWh）	0.4	0.4
购售电价差 β（元/kWh）	0.2	0.2
度电产值 k（元/kWh）	10.305	10.305
线路运行寿命 n（年）	30	30
功率因数	0.95	

（1）供电区域分类。供电区域的划分按 Q/GDW 1738—2012《配电网规划设计技术导则》的规定，如表 3-6 所示。

设置每个供电区域的负荷密度，如表 3-7 所示。

表 3-6　　　　　　　　　　　规划供电区域划分表

规划供电区域		A+	A	B	C	D	E
行政级别	直辖市	市中心区或 $\sigma \geqslant 30$	市区或 $15 \leqslant \sigma < 30$	市区或 $6 \leqslant \sigma < 15$	城镇或 $1 \leqslant \sigma < 6$	农村或 $0.1 \leqslant \sigma < 1$	—
	省会城市、计划单列市	$\sigma \geqslant 30$	市中心区或 $15 \leqslant \sigma < 30$	市区或 $6 \leqslant \sigma < 15$	城镇或 $1 \leqslant \sigma < 6$	农村或 $0.1 \leqslant \sigma < 1$	—
		—	$\sigma \geqslant 15$	市中心区或 $6 \leqslant \sigma < 15$	市区、城镇或 $1 \leqslant \sigma < 6$	农村或 $0.1 \leqslant \sigma < 1$	农牧区
		—	—	$\sigma \geqslant 6$	城镇或 $1 \leqslant \sigma < 6$	农村或 $0.1 \leqslant \sigma < 1$	农牧区

注：σ 为供电区域的规划负荷密度（MW/km²）。

表 3-7　　　　　　　　　　负 荷 密 度 取 值

规划供电区域	A+	A	B	C	D
负荷密度（MW/km²）	30	22	12	3	0.5

在给定的供电区域内，负荷密度很容易得到，并且较全面地反映了负荷大小和分布特征。负荷沿着线路均匀分布，配电网的负荷就是配电变压器，配电变压器是有一定供电半径的，供电半径取 150 m。因此，供电区域即为以线路长度为长、配电变压器的供电半径为宽的长方形供电区域，如图 3-10 所示。

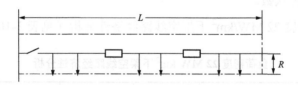

图 3-10　供电区域示意图

则供电区域的负荷 P 为：

$$P = \sigma \times L \times 2R \qquad (3-34)$$

式中　P——供电负荷，MW

σ——负荷密度，MW/km²；

L——线路长度，km；

R——供电半径，km。

（2）架空线路经济性分析。表 3-8 为架空线路数据。

表 3-8   架 空 线 路 数 据

负荷密度（MW/km²）	30	22	12	3	0.5
线路类型	LGJ-240	LGJ-240	LGJ-240	LGJ-240	LGJ-240
线路造价（万元/km）	25	25	25	25	25
线路电阻（Ω/km）	0.1	0.1	0.1	0.1	0.1

1）负荷密度 30 MW/km² 下架空线路经济性分析（见表 3-9）。

表 3-9   负荷密度 30 MW/km² 下架空线路经济性分析

线路长度（km）	0.8	1.5	3	4.5
一次投资（等年值，万元）	1.78	6.66	26.65	59.96
电能损耗（万元）	14.60	48.13	192.54	433.22
运行维护成本（万元）	0.3	1.13	4.5	10.125
停电损失（每年每次树障，万元）	15.13	14.18	14.18	14.18

总年费用 y：

$$\begin{cases} y = 15.13t + 16.68(0.8\text{km}) \\ y = 14.18t + 55.92(1.5\text{km}) \\ y = 14.18t + 223.69(3\text{km}) \\ y = 14.18t + 503.31(4.5\text{km}) \end{cases} \qquad (3\text{-}35)$$

式中 t——树障次数。

2）负荷密度 22 MW/km² 下架空线路经济性分析（见表 3-10）。

表 3-10   负荷密度 22 MW/km² 下架空线路经济性分析

线路长度（km）	0.8	1.5	3	4.5
一次投资（等年值，万元）	1.78	6.66	19.99	39.97
电能损耗（万元）	7.85	25.88	138.06	349.47
运行维护成本（万元）	0.3	1.13	3.38	6.75
停电损失（每年每次树障，万元）	11.09	10.4	13.87	15.6

总年费用 y：

$$\begin{cases} y = 11.09t + 9.93(0.8\text{km}) \\ y = 10.4t + 33.67(1.5\text{km}) \\ y = 13.87t + 161.42(3\text{km}) \\ y = 15.6t + 396.19(4.5\text{km}) \end{cases} \qquad (3\text{-}36)$$

3）负荷密度 12 MW/km² 下架空线路经济性分析（见表 3-11）。

表 3-11　　　　　　　负荷密度 12 MW/km² 下架空线路经济性分析

线路长度（km）	0.8	1.5	3	4.5
一次投资（等年值，万元）	1.78	3.33	13.32	19.99
电能损耗（万元）	2.34	15.4	61.61	207.95
运行成本（万元）	0.3	0.56	2.25	3.38
停电损失（每年每次树障，万元）	6.05	11.35	11.35	17.02

总年费用 y：

$$\begin{cases} y = 6.05t + 4.41(0.8\text{km}) \\ y = 11.35t + 19.3(1.5\text{km}) \\ y = 11.35t + 77.19(3\text{km}) \\ y = 17.02t + 231.31(4.5\text{km}) \end{cases} \tag{3-37}$$

4）负荷密度 3 MW/km² 下架空线路经济性分析（见表 3-12）。

表 3-12　　　　　　　负荷密度 3 MW/km² 下架空线路经济性分析

线路长度（km）	0.8	1.5	3	4.5
一次投资（等年值，万元）	1.78	3.33	6.66	9.99
电能损耗（万元）	0.15	0.96	7.7	25.99
运行成本（万元）	0.3	0.56	1.13	1.69
停电损失（每年每次树障，万元）	1.51	2.84	5.67	8.51

总年费用 y：

$$\begin{cases} y = 1.51t + 2.32(0.8\text{km}) \\ y = 2.84t + 4.85(1.5\text{km}) \\ y = 5.67t + 15.49(3\text{km}) \\ y = 8.51t + 37.67(4.5\text{km}) \end{cases} \tag{3-38}$$

5）负荷密度 0.5 MW/km² 下架空线路经济性分析（见表 3-13）。

表 3-13　　　　　　　负荷密度 0.5 MW/km² 下架空线路经济性分析

线路长度（km）	0.8	1.5	3	4.5
一次投资（等年值，万元）	1.78	3.33	6.66	9.99
电能损耗（万元）	0.01	0.03	0.21	0.72
运行成本（万元）	0.3	0.56	1.13	1.69
停电损失（每年每次树障，万元）	0.25	0.47	0.95	1.42

总年费用 y:

$$\begin{cases} y = 0.25t + 2.08(0.8\text{km}) \\ y = 0.47t + 3.92(1.5\text{km}) \\ y = 0.95t + 8.00(3\text{km}) \\ y = 1.42t + 12.4(4.5\text{km}) \end{cases} \tag{3-39}$$

（3）电力电缆经济性分析。表 3-14 为电缆线路数据。

表 3-14 　　　　　　　　　电 缆 线 路 数 据

负荷密度（MW/km²）	30	22	12	3	0.5
线路类型	YJV22-10 kV -3×300	YJV22-10 kV -3×300	YJV22-10 kV -3×300	YJV22-10 kV -3×300	YJV22-10 kV -3×300
线路造价（万元/km）	150	150	150	150	150
线路电阻（Ω/km）	0.0601	0.0601	0.0601	0.0601	0.0601

1）负荷密度 30 MW/km² 下电缆线路经济性分析（见表 3-15）。

表 3-15　　　　　　负荷密度 30 MW/km² 下电缆线路经济性分析

线路长度（km）	0.8	1.5	3	4.5
一次投资（等年值，万元）	21.32	59.96	199.87	359.76
电能损耗（万元）	4.39	19.29	92.57	260.37
运行维护成本（万元）	3.12	8.78	29.25	52.65
总年费用（万元）	28.83	88.02	321.69	672.78

2）负荷密度 22 MW/km² 下电缆线路经济性分析（见表 3-16）。

表 3-16　　　　　　负荷密度 22 MW/km² 下电缆线路经济性分析

线路长度（km）	0.8	1.5	3	4.5
一次投资（等年值，万元）	10.66	39.97	159.89	359.76
电能损耗（万元）	4.72	15.56	62.23	140.02
运行维护成本（万元）	1.56	5.85	23.4	52.65
总年费用（万元）	16.94	61.38	245.52	552.43

3）负荷密度 12 MW/km² 下电缆线路经济性分析（见表 3-17）。

4）负荷密度 3 MW/km² 下电缆线路经济性分析（见表 3-18）。

表 3-17　　　　　　　　负荷密度 12 MW/km^2 下电缆线路经济性分析

线路长度（km）	0.8	1.5	3	4.5
一次投资（等年值，万元）	10.66	39.97	79.95	179.88
电能损耗（万元）	1.4	4.63	37.03	83.32
运行维护成本（万元）	1.56	5.85	11.7	26.33
总年费用（万元）	13.62	50.45	128.68	289.52

表 3-18　　　　　　　　负荷密度 3 MW/km^2 下电缆线路经济性分析

线路长度（km）	0.8	1.5	3	4.5
一次投资（等年值，万元）	10.66	19.99	39.97	59.56
电能损耗（万元）	0.09	0.58	4.63	15.62
运行维护成本（万元）	1.56	2.93	5.85	8.78
总年费用（万元）	12.31	23.49	50.45	84.36

5）负荷密度 0.5 MW/km^2 下电缆线路经济性分析（见表 3-19）。

表 3-19　　　　　　　　负荷密度 0.5 MW/km^2 下电缆线路经济性分析

线路长度（km）	0.8	1.5	3	4.5
一次投资（等年值，万元）	10.66	19.99	39.97	59.56
电能损耗（万元）	0.01	0.02	0.13	0.43
运行维护成本（万元）	1.56	2.93	5.85	8.78
总年费用（万元）	12.23	22.93	45.95	69.17

　　（4）架空线路和电缆经济性分析。根据图 3-11 架空线路与电缆年费用曲线，架空线路配电网的投资成本与树障发生次数成正比关系，即投资成本随着故障停电次数增加而增大。对于树障发生频繁、负荷密度大的供电区域，发生一次故障停电（如树障）会造成较大的经济损失。由图 3-11 可知，对于不同的线路长度，树障次数每年超过 12 次时，配电网使用电缆线路的经济性高于架空线路。图 3-12～图 3-15 的情况与图 3-11 类似，当树障发生次数超过一定值时，电缆线路的经济性高于架空线路。

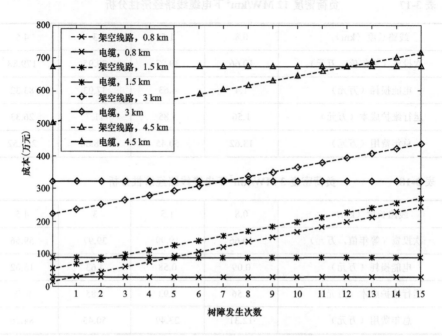

图 3-11　负荷密度为 30 MW/km^2 的年费用曲线

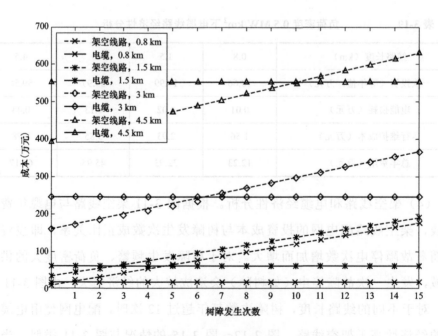

图 3-12　负荷密度为 22 MW/km^2 的年费用曲线

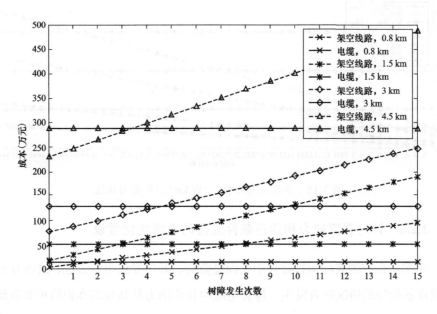

图 3-13　负荷密度为 12 MW/km^2 的年费用曲线

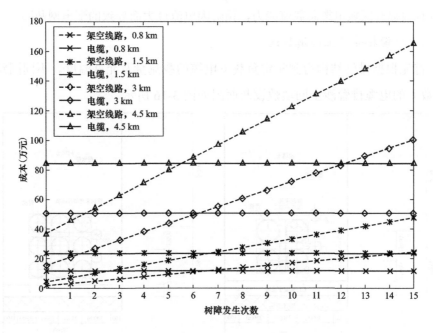

图 3-14　负荷密度为 3 MW/km^2 的年费用曲线

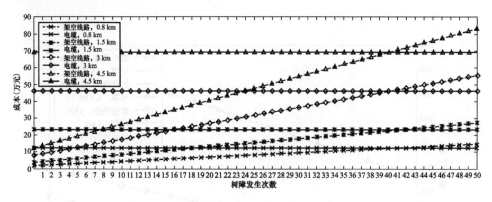

图 3-15　负荷密度为 0.5 MW/km^2 的年费用曲线

3.2.2　针对载流能力和运行条件改善的电缆优化敷设

在配电系统的实际运行过程中，因过负荷、发热导致电缆过载，进而导致短路或设备故障的情况时有发生。排管电缆的载流能力是其传输维护的重要参数之一，受敷设方式及当前运行温度的影响较大。研究上述不同状态条件对电缆特性的影响，基于相应电缆拓扑结构的温度场图，采用优化电缆排管敷设结构的手段，可以有效提升区域电缆总载流能力，预防因电流过大而导致的配电网故障。

1. 电缆排管沙土回填敷设

首先根据排管结构得到额定负载下电缆的载流量及允许温度。不同回路数（根数）的电缆排管沙土回填敷设断面图如图 3-16 所示。

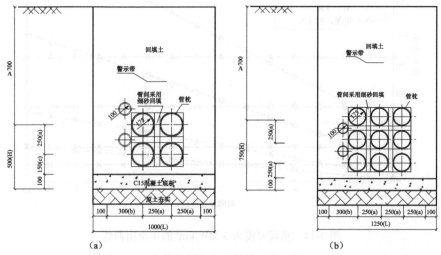

图 3-16　电缆排管沙土回填敷设断面图（一）

（a）2×2；（b）3×3

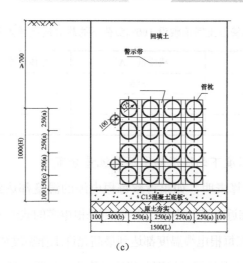

（c）

图 3-16　电缆排管沙土回填敷设断面图（二）

（c）4×4

数值仿真计算结果如图 3-17 所示，载流量如表 3-20 所示。

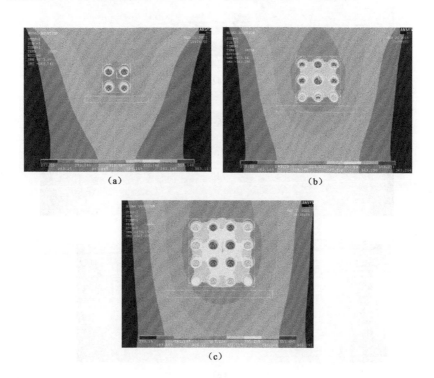

图 3-17　电缆排管沙土回填敷设连续额定电流（载流量）下的温度场

（a）2×2；（b）3×3；（c）4×4

表 3-20   电缆排管沙土回填敷设 100%负荷下的载流量及导体最高温度

回路数（电缆根数）	载流量（A）	导体可能达到的最高温度（℃）
2×2	356	89.997
3×3	203	90.136
4×4	176	89.941

2. 最大允许温度下的温度场图及载流量分布

进一步数值计算表明，如果考察每根电缆的温度都达到最大允许工作温度
（90 ℃），由于受到临近电缆的热相互影响，则每根电缆的载流大小不相等。2×2、3×3、
4×4 排管敷设电缆在每根电缆温度都达到最高允许工作温度情况下的温度分布图如
图 3-18 所示，其各电缆的编号规则及载流量值分别如图 3-19 和表 3-21 所示。

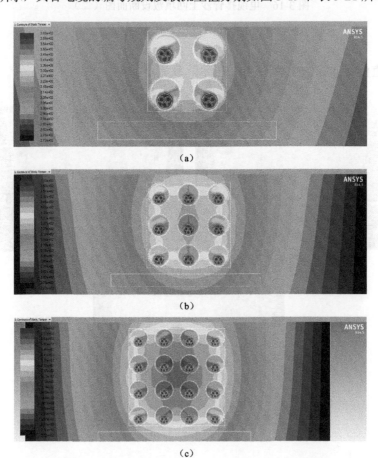

(a)

(b)

(c)

图 3-18   电缆排管沙土回填敷设每根电缆均达到最高允许工作温度下的温度场

（a）2×2；（b）3×3；（c）4×4

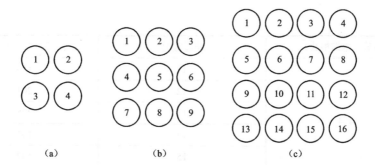

图 3-19 排管电缆编号规则

（a）2×2；（b）3×3；（c）4×4

表 3-21 电缆排管沙土回填敷设每根电缆均达到最高允许工作温度下的载流量

回路数（电缆根数）	电缆编号	载流量（A）
2×2	1	352
	2	352
	3	366
	4	366
3×3	1	216
	2	200
	3	216
	4	213
	5	188
	6	213
	7	235
	8	215
	9	235
4×4	1	206
	2	182
	3	182
	4	206
	5	196
	6	153
	7	153
	8	196
	9	201
	10	153

续表

回路数（电缆根数）	电缆编号	载流量（A）
4×4	11	153
	12	201
	13	228
	14	197
	15	197
	16	228

从表 3-21 可以看出，一方面，中间位置的电缆载流量较小，如 3×3 的第 5 号电缆载流量最小，4×4 的第 6、7、10 和 11 号电缆载流量最小；另一方面，非中间的外围电缆埋深最深的电缆载流量较大，如 2×2 的 3 号和 4 号、3×3 的 7 号和 9 号、4×4 的 13 号和 16 号载流量最大。

表 3-20 的数值计算结果的前提条件为其中一根电缆（发热最严重的电缆，以下称计算电缆）达到但不超过允许最高工作温度，但临近其他电缆可能未达到最高工作温度（即小于 90 ℃），且所有电缆的载流量与计算电缆的载流量相同。而表 3-21 的计算结果的前提条件是所有电缆均达到但不超过允许最高工作温度，各个电缆的载流量可不同。因此，理论上，由于后一种方式受到临近电缆热的相互影响较前种方式更严重些，发热最严重，电缆载流能力会下降，但是其他电缆的载流能力会提升，使得后种方式的综合载流能力利用率更高。下面以敷设的所有电缆的载流量之和来进行比较，如表 3-22 所示。

表 3-22　　　　　　　　　两种方式电缆载流能力对比　　　　　　　　单位：A

敷设方式	电缆载流相等方式		电缆载流不相等方式		综合载流能力提升
	最热缆载流	综合载流	最热缆载流	综合载流	
2×2	356	1424	352	1436	0.8%
3×3	203	1827	188	1931	5.7%
4×4	176	2816	153	3032	7.6%

注：综合载流等于该种敷设方式下所有电缆载流之和。

从表 3-22 可看出，排管数越多，电缆载流不相等方式的综合载流能力提升越多。

3. 基于排管电缆优化敷设的载流量提升

在配电网的实际运行中，现场排管可能只有一部分敷设有电缆，或者只有一部分电缆参与运行，此时该部分电缆应该敷设在哪些排管中应有一个最优方案，使得电缆间的热场相互影响最小。根据图 3-17 所示温度场，可以很容易得出各个排管处电缆的发热大小，从而尽可能地把电缆优先敷设到发热较轻的排管中。为了验证该优化敷设方案的合理性，现以 4×4 排管敷设 10 根电缆为例，对比最优敷设方式（方式 1）和最恶劣敷设方式（方式 2）的载流能力。敷设方式如图 3-20 所示，排管编号如图 3-19（c）所示。

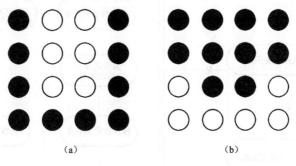

（a） （b）

图 3-20 4×4 排管敷设 10 根电缆的两种极端敷设方式

（a）最优敷设方式（方式 1）；（b）最恶劣敷设方式（方式 2）

数值计算获得的方式 1 和方式 2 的电缆载流量如表 3-23 所示。

表 3-23 4×4 排管敷设 10 根电缆的最优和最恶劣敷设方式的允许载流量　　单位：A

排管	1	2	3	4	5	6	7	8	9	10	11	12	13	14	15	16	合计
方式 1	238	×	×	238	221	×	×	221	227	×	×	227	245	213	213	245	2288
方式 2	229	189	189	229	222	183	183	222	×	201	201	×	×	×	×	×	2048

从表 3-23 结果可看出，最优敷设的综合载流能力比最恶劣敷设方式提高了 11.7%。因此，当仅在一部分排管中敷设电缆运行时，可根据所有排管均敷设电缆的温度场图选择最优位置敷设，从而减小电缆间的热场相互影响，提高电缆的载流能力。

3.2.3 基于荷容匹配策略的重过载配电变压器轮换技术

为有效解决 10 kV 公用配电变压器轻载和重过载问题，切实发挥现有在役和备用 10 kV 配电变压器的作用，降低故障停电概率，本节利用大数据技术实现配电变压器荷容匹配识别，基于荷容匹配技术，研究配电变压器优化利用和轻重载配电变压器轮调治理方法，识别流程如图 3-21 所示。

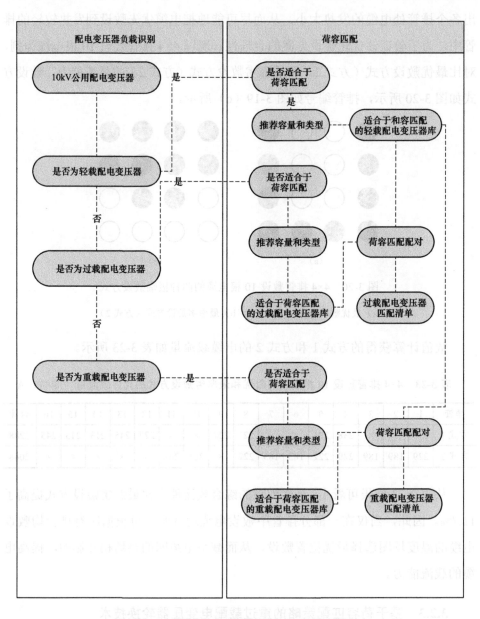

图 3-21　配电变压器荷容匹配识别流程图

1. 配电变压器分类

依据 Q/GDW 565—2010《城市配电网运行水平和供电能力评估导则》，轻载配电变压器是指配电变压器年最大负载率小于或等于 20%的配电变压器，重载配电变压器是指配电变压器年最大负载率达到或超过 80%且持续 2 h 以上的配电变压器，过载配电变压器是指配电变压器年最大负载率达到或超过 100%且持续 2 h 以上的配电变压器。

2. 重过载及轻载配电变压器识别

抽取 PMS2.0 系统中配电变压器台账信息，列出监测配电变压器数据库。抽取用电信息采集系统配电变压器运行数据，剔除短时冲击负荷后年内最大负载率低于 20%（按视在功率计算负载率，年内所有连续三个采集点负荷均小于20%）的配电变压器标记为轻载配电变压器数据；年内负载率大于 100%且持续2 h 以上的配电变压器标记为过载配电变压器数据，年内负载率大于 80%且持续 2 h 以上、并剔除过载的配电变压器标记为重载配电变压器数据。

3. 过载配电变压器的荷容匹配适应性分析

（1）不适用荷容匹配原则的过载配电变压器：容量 400 kVA 的柱上变压器、容量 630 kVA 的箱式变压器、容量 2500 kVA 及以上的配电室内变压器、S7（8）系列配电变压器、因无功补偿容量不足导致的过载配电变压器（有功除以合理的功率因数 0.9 所得负荷值小于配电变压器容量即认为属于无功补偿容量不足，大于等于 80%配电变压器容量应列入重载配电变压器；另外，同年有多个高峰时需对每个持续 2 h 及以上且负载率超过 100%的负荷进行核对）。

（2）适用荷容匹配原则的过载配电变压器：除不适用荷容匹配原则外的所有过载配电变压器列入荷容匹配过载配电变压器库。

（3）推荐容量。按以下原则中最大的容量值选定：

1）年度持续 2 h 及以上且最大负载率不超过 80%的最接近容量档次；

2）柱上变压器容量不大于 400 kVA、箱式变压器不大于 630 kVA、配电室变压器不大于 2500 kVA 原则选定。

（4）推荐配电变压器类型：

1）普通类型变压器（包括 S9、S11、S13 系列配电变压器）全部适用。

2）非晶变压器选用原则：近几年负荷呈平稳发展趋势；选用的非晶变压

器不能出现重载。

3）调容变压器选择原则：

选用的调容变压器损耗相比于同等容量（315/100 kVA 的调容变压器对等同系列的 315 kVA 的油浸式变压器）的油浸式变压器全年节电量满足以下要求：

630/200 kVA 的调容变压器在 1300 kWh 以上；

400/125 kVA 的调容变压器在 1100 kWh 以上；

315/100 kVA 的调容变压器在 1000 kWh 以上；

250/80 kVA 的调容变压器在 800 kWh 以上；

200/63 kVA 的调容变压器在 600 kWh 以上；

160/50 kVA 的调容变压器在 500 kWh 以上。

4. 重载配电变压器的荷容匹配适应性分析

（1）不适用荷容匹配原则的重载配电变压器：容量 400 kVA 柱上变压器、容量 630 kVA 的箱式变压器、容量 2500 kVA 及以上的配电室内变压器、S7（8）系列配电变压器、因无功补偿容量不足导致的重载配电变压器（有功除以合理的功率因数 0.9 所得负荷值小于配电变压器容量 80%即认为属于无功补偿容量不足；另外，同年有多个高峰时需对每个持续 2 h 及以上且负载率超过 80%的负荷进行核对）。

（2）适用荷容匹配原则的重载配电变压器：除不适用于荷容匹配外的所有重载配电变压器、剔除无功补偿不足因素外但存在重载现象的过载配电变压器列入荷容匹配重载配电变压器库。

（3）推荐容量。按以下原则中最大的容量值选定：

1）年度持续 2 h 及以上的最大负载率不超过 80%的最接近容量档次；

2）柱上变压器容量不大于 400 kVA、箱式变压器不大于 630 kVA、配电室变压器不大于 2500 kVA 原则选定。

（4）推荐配电变压器类型：同过载配电变压器。

5. 轻载配电变压器的荷容匹配适应性分析

（1）不适用荷容匹配原则的轻载配电变压器：容量 80 kVA 及以下、容量 100 kVA 以下非机井配电变压器、容量 200 kVA 及以下箱式变压器、容量 400 kVA 及以下配电室内变压器、S7（8）系列配电变压器。

（2）适用荷容匹配原则的轻载配电变压器：除不适用于荷容匹配原则的所有轻载配电变压器列入荷容匹配轻载配电变压器库。

（3）推荐容量。按以下原则中最大的容量值选定：

1）剔除年度内冲击负荷后负载率不低于 20% 的最接近容量档次；

2）柱上配电变压器不小于 100 kVA、箱式变压器不小于 200 kVA、配电室内变压器不小于 400 kVA。

（4）推荐配电变压器类型：同过载配电变压器。

6. 配电变压器容量标准

（1）配电室变压器分别为 400、500、630、800、1000、1250、1500、2000、2500 kVA。

（2）箱式变压器分别为 200、315、400、500、630 kVA。

（3）柱上变压器分别为 100、150、200、250、315、400 kVA。

7. 荷容匹配实施算法

荷容匹配的实施算法如图 3-22 所示，具体流程如下：

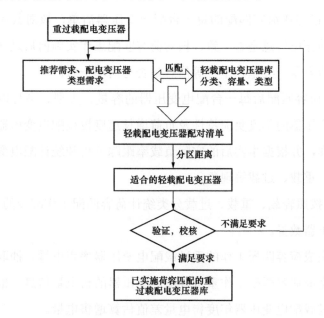

图 3-22 荷容匹配实施算法

（1）依据重过载配电变压器的推荐容量和推荐配电变压器类型，抽取适用荷容匹配原则的轻载配电变压器库内配电变压器现状信息中分类（柱上变压器、箱式变压器、配电室变压器）相同、容量相同，且配电变压器类型（普通变压器、调容变压器、非晶合金变压器）符合要求的轻载配电变压器。

（2）剔除该重过载配电变压器现状信息中分类、容量、类型不满足轻载配电变压器推荐容量和推荐配电变压器类型要求的轻载配电变压器后，形成单台重过载配电变压器的轻载配电变压器配对清单。

（3）配对分析按照同一供电所内、县公司（供电工区）内、同一市公司内县公司之间、同一市公司内县公司与市公司、不同市公司之间分别进行配对。

（4）每月基于荷容匹配原则，依据已实施荷容匹配的配电变压器清单及验证和校核结果，通过验证和校核的配电变压器分别列入已实施荷容匹配轻载配电变压器库、重载配电变压器库、过载配电变压器库，同时将其从荷容匹配轻载配电变压器库、重载配电变压器库、过载配电变压器库中剔除，并依据修改后的荷容匹配轻载配电变压器库、重载配电变压器库、过载配电变压器库重新进行配对分析。

8. 荷容匹配成效分析

（1）已完成荷容匹配配电变压器验证和校核。

1）依据已完成荷容匹配的每一台配电变压器清单，核对其完成时间与该配电变压器的停电信息是否一致，核对荷容匹配工作实施前后过（重）载、轻载配电变压器容量、类型、型号等信息是否与清单一致。

2）依据荷容匹配后每一台配电变压器的容量、类型、型号以及荷容匹配实施前配电变压器的年度负荷特性及负荷增长速度校核配电变压器容量、型号选择是否合理，并根据事实后的实际负载率跟踪分析和统计配电变压器是否再次发生轻载、重载、过载等现象。

3）分别按照轻载、重载、过载分类统计荷容匹配工作减少的轻载、重载、过载配电变压器数量。

（2）已完成荷容匹配工作的重过载配电变压器增售电量。抽取用电信息采集系统中已完成荷容匹配工作重过载配电变压器的售电量信息，根据荷容匹配实施前后重过载配电变压器年度售电量差值估算增售电量。

（3）已完成荷容匹配工作的轻载、重过载配电变压器户均配电变压器容量、算数平均负载率统计计算。抽取用电信息采集系统中已完成荷容匹配工作配电变压器的最大负荷信息，根据荷容匹配实施前后按照有项目和无项目配电变压器容量分别统计计算轻载和重过载配电变压器台区的户均配电变压器容量、算数平均负载率。

1）有项目时的配电变压器算数平均负载率按照荷容匹配实施后的配电变压器容量和现有实际负载计算，无项目时的配电变压器算数平均负载率按照荷容匹配实施前的配电变压器容量和现有实际负载计算。

2）有项目时的配电变压器户均配电变压器容量按照荷容匹配实施后的配电变压器容量和现有实际用户数计算，无项目时的配电变压器户均配电变压器容量按照荷容匹配实施前的配电变压器容量和现有实际用户数计算。

（4）已完成荷容匹配工作的配电变压器损耗分析。按照荷容匹配实施前配电变压器年度负荷曲线，分别按照荷容匹配实施前后配电变压器的型号、类型计算配电变压器损耗，已核容匹配实施前后损耗差值为荷容匹配实施降低的配电变压器损耗。

重过载配电变压器荷容匹配效果如图 3-23～图 3-25 所示。

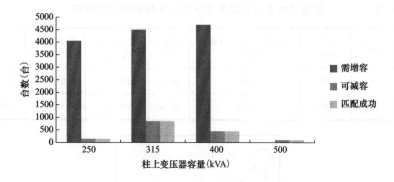

图 3-23　某省重过载柱上变压器荷容匹配方案效果

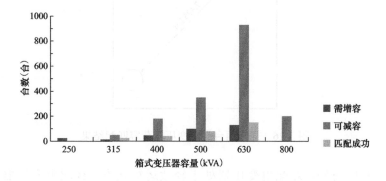

图 3-24　某省重过载箱式变压器荷容匹配方案效果

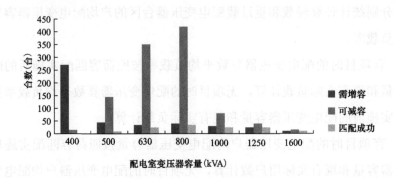

图 3-25　某省重过载配电室变压器荷容匹配方案效果

9. 配电变压器荷容匹配算例分析

基于大数据技术实现配电变压器荷容匹配识别技术，以某省两台重过载配电变压器为例，进行配电变压器的荷容匹配算例分析，其基本数据和运行数据如表 2-24 所示，匹配结果见图 3-26。

表 3-24　　　　　　　某省两台重过载配电变压器基本数据和运行数据

线路	变压器	容量（kVA）	建议配电变压器容量（kVA）	匹配原则	最大负荷（kVA）	最大负载率（%）	发生时间
A 线	A	250	100	减容	36.648	14.66	2017.10.30
B 线	B	100	250	增容	196.44	196.44	2017.06.12

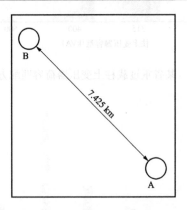

图 3-26　郑州两台配电变压器荷容匹配结果

由表 3-24 可知，A 配电变压器处于轻载运行状态，B 配电变压器处于过载运行状态，通过荷容匹配原则，可将两个配电变压器进行调换，实现经济稳定运行，降低长时间过载服役的 B 配电变压器因过载发生故障停电的潜在可能性。

3.3　外力破坏故障防治能力提升技术

外力破坏造成的配电网故障比重日益增加，其主要包括异物碰线、施工机械碰线、汽车撞杆（拉线）、偷盗及航船碰线等。外力破坏既影响电力的正常可靠供电，也给电力形象带来负面影响，甚至影响施工人员的生命安全。为了解决城市建设与可靠供电的矛盾，保障线路设备安全，可通过改变管理方式，提升管理质量，对外力破坏采取"事先预控、事中防控、事后追责"三大措施，切实减少因外力破坏引发的配电线路故障。本节从规划设计和运行阶段等方面对 7 类主要的外力破坏情况提出问题与建议。

3.3.1　防交通车辆撞杆

各环节预防交通车辆撞杆相关措施如表 3-25 所示。

表 3-25　　　　　　　各环节预防交通车辆撞杆相关措施

相关环节	预　防　措　施
规划设计阶段	（1）合理选择供电路径，避免出现"路中杆""盲道杆"，条件允许情况下可移杆改建； （2）对于易受外力破坏地带可采用高强度电杆、钢杆，减少拉线使用，提高电杆强度
基建阶段	对于路边易撞杆加装防撞围栏、防撞墩、电杆反光警示带，有条件的单位可以安装夜间定时闪光警示装置
运行阶段	（1）加强与市政、基建等部门协调沟通，建立地下管线信息共享机制，供政府及建设单位实时查询电力管线情况； （2）加大视频监视应用，加强与公安、森林、消防等部门协调，接入视频监控网，补充主要交通路段、易发外力破坏路段视频监控点，在重大施工现场临时加设视频监控，确保现场状况实时在控； （3）做好限高、防撞、保护墩、拉线套管、标志桩、路径指示牌、安全警示牌等线缆设施的维护工作

3.3.2　防施工车辆挂线

各环节预防施工车辆挂线相关措施如表 3-26 所示。

表 3-26 各环节预防施工车辆挂线相关措施

相关环节	预 防 措 施
规划设计阶段	对于跨路、跨桥等易受吊车等施工机械触碰的架空线路段，可适当提高两侧杆塔高度及强度
基建阶段	在重要架空线路通道两侧增加略低于导线高度的警示拉线，有利于杜绝各类交通工具未收吊臂造成的吊臂碰线事故发生
运行阶段	（1）加强与市政、基建等部门协调沟通，建立地下管线信息共享机制，供政府及建设单位实时查询电力管线情况； （2）加大视频监视应用，加强与公安、森林、消防等部门协调，接入视频监控网，补充主要交通路段、易发外力破坏路段视频监控点，在重大施工现场临时加设视频监控，确保现场状况实时在控； （3）做好限高、防撞、保护墩、拉线套管、标志桩、路径指示牌、安全警示牌等线缆设施的维护工作

3.3.3 防异物挂线、砸线

各环节预防异物挂线、砸线相关措施如表 3-27 所示。

表 3-27 各环节预防异物挂线、砸线相关措施

相关环节	预 防 措 施
设计阶段	（1）设计架空线路的路径时，应尽量避开通过如林区、竹区、覆地膜式农田、彩板房等异物较多的区域。如无法避开，应与政府相关部门协调联动，力争获得廊道清理的相关支持性文件，在无法进行廊道清理时应采取提高杆塔高度等措施。 （2）在受强风作用下易造成线路异物挂线跳闸的区域，宜首先考虑采用绝缘导线。 （3）架空线路间及与其他物体之间的距离应严格遵循 Q/GDW 519—2010《配电网运行规程》中附录 B 的相关规定，工程验收交接时运维单位应会同设计单位现场测量、记录，相关记录应保存在工程资料档案内
基建阶段	（1）在易受异物挂线的区域，对柱上断路器、避雷器等设备的裸露部分及线路的连接处，采取安装绝缘护套、绝缘包扎等措施，避免投运后异物挂线短路跳闸事故发生。 （2）要加强易发生异物挂线区域配电网线路设备施工阶段的中间检查和竣工验收，确保设计图纸、竣工图纸与现场相符
运行阶段	（1）加强通道维护，及时清理内漂浮物（如金属飘带、风筝、农用薄膜等）和固定物（如临时建筑彩钢板屋顶、树枝等）。 （2）开展电力设施保护宣传工作，做好线路保护及群众护线工作，健全防异物隐患排查工作机制。 （3）根据异物短路季节性、区域性特点，应适当适时缩短线路巡视周期，对线路通道、周边环境、沿线交跨、施工作业等情况进行检查，及时发现和掌握线路通道环境的动态变化情况。 （4）依据风区图合理划分线路特殊区段，建立特殊区域的台账，检查导线对杆塔及拉线、导线相间、导线对廊道内树竹及其他交叉跨越物等安全距离是否符合运行规程要求。大风天气来临前，开展线路保护区及附近易被风卷起的广告条幅、树木断枝、广告牌宣传纸、塑料大棚、泡沫废料、彩钢瓦结构屋顶等易漂浮物隐患排查，督促户主或业主进行加固或拆除。 （5）运维单位在巡检发现线路电力设施保护区内的隐患时，应记录隐患的详细信息，并及时消除。如隐患是由其他单位或个人引起，应向其告知电力设施保护和电力法的有关规定，派发隐患通知单，并保留影像资料，督促其及时将隐患消除。如遇阻拦，应及时将隐患报上级部门，向政府相关单位报备，积极与政府相关部门联动消除隐患，在隐患消除前，同时应加强现场监护

3.3.4　防电缆外力破坏

各环节预防电缆外力破坏相关措施如表 3-28 所示。

表 3-28　　　　　　　　　各环节预防电缆外力破坏相关措施

相关环节	预 防 措 施
设计阶段	（1）结合敷设环境确定敷设方案。位置狭小不易使用机械开挖的地方可采取直埋敷设方式；可能使用机械开挖的地方，可使用钢管或其他机械强度较大的管材敷设。 （2）因地制宜选择电缆敷设保护方式。当同一路径上敷设的电缆不少于 4 根时，可采用用混凝土封装的 PVC 排管保护电缆
基建阶段	（1）规范、完整的设置能够反映电缆路径、埋深等参数的标识、警示设施； （2）加强验收环节工作，要特别留意电缆标识是否齐全、清晰，电缆保护措施是否合格，电缆埋深参照点是否正确
运行阶段	（1）加强电缆通道巡视力度，发现现有可能危及电缆线路安全运行的拆房、挖沟、建房、取土、顶管等违章行为时，要坚决予以制止，必要时联系公安机关； （2）对于手续合法的上述活动，应与施工单位就现场情况进行认真勘查，制定详细的安全措施，还要进行全过程的指导和监督，切实保证电缆不受伤害

3.3.5　防盗窃

近年来，电力设施被盗情况比较严重。电力设施被盗，一方面给供电企业带来了巨额的直接经济损失；另一方面，偷盗给配电网的安全运行带来了不可忽视的隐患，增大了基层维护单位的运行压力，给社会造成了恶劣的影响。因此，加强配电网自身的防盗能力至关重要。不法分子偷盗的电力设施主要有低压架空导线、接地装置引下线、不锈钢材质的配电箱（房）门、塔材、变压器、铝质标志牌及警示牌等。其中低压架空导线、接地引下线、配电箱（房）门和塔材，是盗窃的主要目标。

预防盗窃相关措施如如下：

（1）架空导线的末端安装由继电器、无线自动拨号装置、消防应急灯等主要材料组成的防盗报警器。位于报警器前面的三相四线配电线路的某一相线或中性线因偷盗发生断线故障时，继电器动作，发出报警信号。

（2）针对原接地装置引下铜质导线较长、易引发盗窃的问题，根据"减少铜材"的原则对接地装置引下线进行改造。将接地装置引下铜导线以镀锌接地圆钢代替，可大幅度缩短长度，剩余的小量铜导线非常接近 10 kV 带电点或隐藏在箱体内部，不易偷盗。除了杆上变压器外，其他接地装置基本可以引用这种思路进行改造。

（3）针对原配电箱（房）门铰链设计中存在的缺陷，可通过适当改进，增强自身的反盗窃能力。配电箱原始采用的本体铰链不是卡住门铰链的设计，开锁后即可摘走箱门，且铰链全部采用单面焊接，不法分子容易使用铁条等工器具插入缝隙中撬走。对此，可采用双头限位卡住的形式，并将单面焊接改为双面亚弧焊的焊接形式，巩固铰链的自身附着强度，没有缝隙可插入盗窃工具。

针对铁塔原来易发生偷盗的原因和部位，可对偏僻地区的螺栓式铁塔 3 m 以下的地方安装 45#或 40Cr 钢材制成的防盗螺母。在螺母内孔壁上纵向开两条沿螺纹旋入方向由浅而深且不透的阶梯凹槽，销子事先粘在端口的凹槽底部，且高出螺母一定高度。当螺母旋入螺栓紧固时，其销子同时压入，拆卸很困难，考虑到铁材本身单位价值不高，防盗性能很好。

3.3.6 防树障事故

线路保护区内树木种植较多，树线矛盾日益显现，存在的重大危险源主要有：在架空电力线路保护区内高杆植物未清理干净，在架空电力线路区新栽种高杆植物，修剪、移植、砍伐、吊装运输树木时造成树木对线路安全距离不足。为防止此类配电设备树障灾害事故的发生，针对各环节提出如表 3-29 的措施。

表 3-29　　　　　　　　各环节预防树障事故相关措施

相关环节	预防措施
规划设计阶段	（1）配电线路设计阶段应考虑线路保护区范围内植物，同时应加强与树木管理单位的协商，线下的树种应选择成长后高度控制在 4 m 以内的树种，并通过签订的合作协议加以约束。 （2）合理规划线路通道，架空电力线路不宜通过林区，当确需经过林区时应结合林区道路和林区具体条件选择线路路径。对于通过林区的架空配电线路（段），通过林区应砍伐出通道，通道宽度不应小于线路两侧各向外侧水平延伸 5 m，对于边坡线路宽度不应小于树木倒塌所能达到区域，导线采用绝缘导线。杆塔应适当增高。对于采用绝缘导线仍无法满足的，必要时加耐磨防护套管。 （3）配电线路杆塔施工时应保证电杆及拉盘的埋深符合设计要求，不能满足埋深要求时，必须采取加固措施；对于电杆基础土质较差的可增设卡盘、底盘，防止倒杆、沉降
基建阶段	应加强特殊地形、极端恶劣气象区域的气象环境资料的调研收集，加强观测，全面掌握特殊地形、特殊气候区域的资料，充分考虑特殊地形、气象条件的影响，为预防和治理线路灾害提供依据

相关环节	预 防 措 施
运行阶段	（1）会同政府、园林处、林业局（站）、公路局（站）、林权主（含集体）等林权责任主体，确定相关职责，建立工作机制，签订有关青赔合同，明确砍伐工作责任人。对于擅自在线路下种植高杆植物的，应会同政府相关执法部门强行修剪砍伐，并不给予任何赔偿。宜建立与绿化管理部门联合整治机制，明确责任，共同推进。 （2）台风、冰灾等恶劣气候来临前，联合防汛防台办、电力执法办、电力设施保护领导小组、电力公安联合办、林业局等机构参与重要线路树（竹）隐患处理。 （3）受树线矛盾影响严重的配电线路应进行全线或分段绝缘化，并同步考虑加装防雷装置，线路设备裸露部分应加装绝缘罩，在与树木接触部分加装护套。特别严重区域改架空电缆，档距大的跨山头的部分地区无法改电缆的可进行加装绝缘套管。 （4）建立管辖树木修剪清册，每年动态修剪并更新树木树种、数量及高度等树木资料。 （5）加强安全用电新闻宣传、悬挂警示标志（语）。 （6）在异物碰线易发区域采用新型电力视频预警系统，监视导线异物挂线情况。 （7）加强树线矛盾线路的巡检及协调沟通工作

3.3.7 防小动物

近年来，人类对生态环境越来越重视，小动物的生息繁衍条件也逐年得到改善。然而，鸟类选择在配电线路筑巢的现象也越来越多，其频繁的筑巢、排粪等活动，既影响电力的正常可靠供电，也给电力形象带来负面影响，导致近年来线路因鸟害而跳闸的发生概率呈上升趋势，严重地威胁着电力系统及网络的安全运行。不仅是鸟害对电网影响较大，还有蛇害等；不仅对架空线路造成隐患，对站内设备及电缆也造成隐患，如各类小动物从洞隙、门缝、窗缝等途径中进入电缆沟、配电室及开关柜内，破坏电缆层内电缆，或是在高压母线、断路器、隔离开关、电缆端子排、变压器桩头等到处乱窜，造成弧光短路烧毁设备甚至引起大面积停电事故。

为了保障配电网设备的安全稳定运行，通过改进管理方式，提升管理质量，加强对鸟害防范的管控，破坏危害配电线路的鸟类筑巢、上杆、进站的路径及条件，切实降低因鸟害对配电设备与电力电缆事故概率。为防止此类配电设备树（竹）障灾害事故的发生，提出如表 3-30 所示的措施。

表 3-30　　　　　　　　各环节预防小动物相关措施

相关环节	预 防 措 施
规划设计阶段	配电网线路绝缘化率未达到 100%，裸导线还在广泛应用中，耐张杆跳（引）线、跌落式熔断器、柱上避雷器及负荷开关等设备还存在带电裸露部位，鸟类在电杆上

相关环节	预 防 措 施
规划设计阶段	筑巢,使用的树枝、铁丝、飘带等异物,特别是在阴雨天气下,更容易造成线路跳闸,规划、设计时考虑对导线绝缘化改造,将驱鸟装置加入典型设计装置中,降低鸟害对线路安全的影响
运行阶段	(1)根据季节特性及鸟类习性,实施周期性巡视和差异化巡视相结合的巡视方式,提高鸟害隐患发现能力。加强对重点地区、重点地段、重点设施、特殊时段巡视、检查,做到早发现、早预防、早制止、早处理。 (2)建立鸟害隐患档案库。常态化开展鸟害隐患排查治理工作,确保每个隐患点专人负责,及时建立、完善、更新专档,实行一杆一档管理。 (3)配电网线路绝缘化率未达到100%,裸导线还在广泛应用中,跌落式熔断器、柱上避雷器及负荷开关等设备还存在带电裸露部位,鸟类在电杆上筑巢,使用的树枝、铁丝、飘带等异物,特别是在阴雨天气下,更容易造成线路跳闸,对导线持续开展绝缘化改造,对其他线路设备带电裸露部位安装绝缘罩、套管等绝缘遮蔽装置,能大大降低鸟害对线路安全的影响。 (4)采用视频监控系统,重点监控多次重复筑巢的电杆,减少人力资源的巨大浪费。 (5)根据鸟类习性和配电线路设备装置,安装合适驱鸟器。 (6)加强鸟害矛盾线路的巡检工作
防止小动物进入电缆层(沟)措施	(1)通往室外的电缆孔洞、沟道应封堵严密,因施工拆动时应加强临时管理措施并及时恢复。 (2)户内、外的电缆盖板应完好、无缺损。 (3)对可能有老鼠经过的室内相关门口和道口放置鼠药、笼夹、粘鼠板等捕鼠器具。 (4)运行人员在巡视设备时,应兼顾防小动物设施的巡视。每年春季、秋冬季安全大检查中应对防小动物设施进行重点检查。 (5)每年防汛防台前后,应对各类门窗、孔洞等的完好和封堵情况进行重点检查,发现问题应及时整改处理

3.4 自然灾害故障防治能力提升技术

自然灾害是造成配电网故障停电的另一个大类因素,其导致的重复多发性停电场景主要包括大风杆斜(倒、断),雷击绝缘线断线、雷击跳闸、雷击设备损坏,污闪等导致线路或设备损坏导致的重复停电,凝露损坏设备绝缘效果,积雪、覆冰造成倒杆断线、绝缘闪络,以及洪灾、火灾等事故。此类场景的出现带有一定的时空规律,如夏季雷雨大风天气易发生雷击跳闸等,秋冬季节易发生绝缘子污闪等情况。因此,需针对不同特点,进行针对性的预防治理。

3.4.1 防恶劣天气下倒断杆

从近些年发生的倒断杆案例来看,配电网倒断杆的特点,与电杆的运行年限及型号有明显关联，运行年限较久的预应力电杆，以沿根部折断为主；近些年新载的非预应力电杆，以整杆倾倒为主。

为减少恶劣天气时配电网倒断杆事故的发生，针对存量及增量配电线路，应采取针对性措施加以防范。

1. 新建配电线路

各环节预防恶劣天气下倒杆相关措施（新建配电线路）如表 3-31 所示。

表 3-31　　各环节预防恶劣天气下倒杆相关措施（新建配电线路）

相关环节	预 防 措 施
规划设计环节	（1）收集各区域历史气象信息，建立配电线路风力、覆冰分布图并动态修正。基于气象数据，开展配电线路差异化规划设计，在考虑经济型的同时，提高配电线路应对自然灾害的能力。 （2）在进行架空线路规划时，应尽量避开林区，当确需经过林区时应结合林区道路和林区具体条件选择线路路径；线路通道的宽度应以导线两边线为准，向外侧各水平延伸 5 m，在树木高度超过 5 m 的特殊地区建议适当拓宽通道宽度或采取高强度电杆。 （3）在进行架空线路规划时，应尽量避免孤立陡峭的山谷口、开阔的河岸或湖岸等容易产生强风的微地形地带。若无法避开，连续直线杆不应超过 10 基。若超过 10 基，应考虑设计防风拉线。 （4）提高配电网互联互供能力，合理安排增设分段、分支开关，并具备故障切除能力，减小倒断杆导致停电范围
施工环节	（1）在工程建设时，应保证电杆埋深符合设计要求，对于土质特殊及恶劣天气频发地区，应按照当地气象条件核算电杆上部结构水平作用力，同时根据土质情况、杆型，按照典设推荐埋深核算极限倾覆力及极限倾覆力矩，不可盲目按照经验开展设计及施工。当电杆埋深不能满足设计要求，或遇有土质松软、水田、滩涂、地下水位高等特殊地形时，应采取加装底盘、卡盘、混凝土基础等加固措施。 （2）在工程建设时，应保证拉线装设的规范性，对于转角杆，不应采用合力拉线，应在线路对向两侧分别设置拉线，当所处位置无法设置拉线时，应选取大弯矩电杆；施工过程中，拉线盘、拉线棒、拉线挂接点要在同一直线上，要把拉线棒向电杆拉线挂设点的方向上拔，不留自然下垂空隙，避免线路紧线受力上拔，回填土要层层夯实，不应全部回填完后再在上面夯实；拉线与电杆夹角宜采用 45°，受地形限制可适当减少，但不可小于 30°。 （3）严把施工质量关，充分发挥监理作用，做好过程管控，对施工过程中涉及的底盘卡盘安装、拉线安装等环节开展监督，确保"隐蔽工程"施工到位，杜绝"换线不换杆"现象，保证施工质量不存在缺陷
物资检测环节	严把设备入网关，加强各单位物资检测中心电杆检测能力建设，提升检测规模及效率。重点开展电杆力学性能试验，对于不达标的厂家批次产品，在原有检测基数上，加大检测数量，督促厂家及时整改，防止存在质量缺陷的电杆带病入网运行

2. 在运配电线路

电杆缺陷分类如表 3-32 所示。

表 3-32   钢筋混凝土杆缺陷分类

缺陷分类	危急缺陷	严重缺陷	一 般 缺 陷
本体	（1）电杆本体倾斜度（包括挠度）不小于 3%； （2）电杆杆身有纵向裂纹，横向裂纹宽度超过 0.5 mm 或横向裂纹长度超过周长的 1/3； （3）电杆表面风化、露筋	（1）电杆本体倾斜度（包括挠度）为 2%～3%； （2）电杆杆身横向裂纹宽度为 0.4～0.5 mm 或横向裂纹长度为周长的 1/6～1/3； （3）同杆低压线路与高压不同电源	（1）电杆本体倾斜度（包括挠度）1.5%～2%； （2）电杆杆身横向裂纹宽度为 0.25～0.4 mm 或横向裂纹长度为周长的 1/10～1/6； （3）低压同杆弱电线路未经批准搭挂； （4）道路边的杆塔防护设施设置不规范或应该设防护设施而未设置； （5）杆塔本体有异物
基础	（1）电杆本体杆埋深不足标准要求的 65%； （2）基础有沉降，沉降值≥5 cm	（1）电杆埋深不足标准要求的 80%； （2）杆塔基础有沉降，15 cm≤沉降值＜25 cm	（1）杆塔基础埋深不足标准要求的 95%； （2）杆塔基础轻微沉降，5 cm≤沉降值＜15 cm； （3）杆塔保护设施损坏

预防恶劣天气下倒杆相关措施（在运配电线路）如下：

（1）确保线路通道满足要求，及时清除树障；加大对在运电杆的巡视消缺力度，重点检查电杆壁厚是否均匀，有无裂痕、露筋、漏浆情况，必要时，采用钢筋锈蚀仪、混凝土回弹仪测试钢筋锈蚀程度及混凝土强度，缺陷分类见表 3-31。对于一般缺陷，可采用"电杆修补"技术开展消缺。

（2）建立在运电杆缺陷库，按照相应缺陷等级建立台账。基于电杆缺陷库，并结合所处区域气候、地质情况，制定计划，逐步更换配电网中在运的预应力电杆为 M 级以上电杆。优先更换存在危急、严重缺陷的预应力电杆为普通电杆。

对于处在易发生强风、重覆冰地区的预应力电杆短期内若无法全部更换，可适当缩短耐张段长度，将两侧耐张杆更换为电杆（杆型应选择 M 级及以上），耐张段内连续 3～5 基直线杆采用 1 基电杆，适当时可增设防风拉线。

3.4.2 防雷击

配电网的电压等级较低，耐雷水平不足，雷电对配电网的影响较大，经常造成设备损坏，影响供电可靠性，加之近些年绝缘导线的不断应用，因雷击造成的绝缘导线断线故障明显增加，给预防触电、保障人身安全又带来了一定隐患。雷击设备及雷击导线是雷电对配电网造成的主要影响。

1. 防止雷击配电设备

配电设备的防雷工作，主要是指配电变压器、断路器、环网柜等设备的预防雷击损坏，主要的配电设备防雷装置是金属氧化物避雷器。

各环节预防雷击配电设备相关措施如表 3-33 所示。

表 3-33　　　　　　各环节预防雷击配电设备相关措施

相关环节	预 防 措 施
设计环节	（1）中压配电设备防雷保护应选用无间隙氧化锌避雷器，避雷器的标称放电电流一般应按照 5 kA 执行。对于中雷区及以上山区、河流湖汊等故障不易查找的区域，中压配电设备避雷器的标称放电电流可提高至 10 kA。 （2）中压配电站室设备（含环网柜、箱式变压器、电缆分接箱设备）严禁选用配电型无间隙避雷器，应选用电站型无间隙避雷器；其中，环网柜、箱式变压器、电缆分接箱可选用分离型或外壳不带电型避雷器。 （3）柱上配电变压器、柱上负荷开关和柱上断路器、柱上隔离开关、柱上电缆终端、电容器、线路末端（末端无设备时）等柱上设备应选用配电型无间隙避雷器保护。 （4）在雷害严重区域，为防止反变换波和低压侧雷电侵入，配电变压器低压侧可装设低压避雷器。 （5）对于联络开关等常断开关两侧均应装设避雷器，其余的柱上开关避雷器装设在电源侧。配电变压器的高压侧应靠近变压器装设避雷器。 （6）在雷害严重且供电可靠性要求较高区域，为提高配电型无间隙避雷器故障查找速度，宜采用带脱离器的无间隙避雷器。 （7）与架空线路相连接的电缆长度超过 50 m 时，应在电缆两端装设避雷器。 （8）柱上配电变压器的避雷器接地线应与配电变压器外壳、低压侧中性点共同连接接地（三点共一地）
基建环节	（1）户外箱式变压器、环网箱和柱上配电变压器接地装置的敷设，在回土前应验收其接地极型式以满足设计要求。 （2）新投运的接地装置，应检测工频接地电阻值，并检查接地引下线与接地装置的连通情况
运行环节	（1）防护装置和接地装置应开展定期巡检工作，巡检的周期、项目及要求遵照 Q/GDW 643—2011《配网设备状态检修试验规程》执行。 （2）应按周期开展接地电阻测试（柱上变压器、配电室、柱上开关设备、柱上电容器设备每两年进行一次接地电阻测量，其他设备每四年进行一次；当避雷器接地电阻测试周期与被保护设备不一致时，按二者中最短的要求），测量工作应在干燥天气进行，对于测量结果不合格的及时整改

2. 防止雷击断线

配电网的雷击断线防护，主要是预防绝缘导线的雷击断线，主要的防护装置有串联间隙金属氧化物避雷器以及放电钳位绝缘子。

各环节预防雷击断线相关措施如表 3-34 所示，巡检项目如表 3-35 所示。

表 3-34   各环节预防雷击断线相关措施

相关环节	预 防 措 施
设计环节	（1）多雷区无建筑物屏蔽的中压架空线路导线（含绝缘导线、裸导线）的雷害防护装置应外逐基安装串联间隙金属氧化物避雷器，必要时可加装避雷线； （2）对于人口较为密集的中雷区，应采取串联间隙金属氧化物避雷器及放电钳位绝缘子相结合的原则，可在 300 m 处加装一组避雷器，150 m 处加装一组放电钳位绝缘子； （3）对于人口较为密集的少雷区，可采用每 300 m 处加装一组串联间隙金属氧化物避雷器的原则； （4）对于人口稀少的少雷区，可采用每 300 m 加装一组放电钳位绝缘子的原则
基建环节	（1）对于串联间隙距离可调节的防护装置，应通过局部调节高压穿刺电极位置、串联间隙避雷器本体安装支架或者穿刺电极，优先满足放电间隙距离设定要求。 （2）对于带外间隙的防护装置，其高低压电极应朝向负荷侧。对于放电钳位绝缘子，应设置单独的接地线接地。 （3）防护装置安装完毕后，按照 5% 的比例随机抽取，验收人员登杆进行防护产品的安装工艺、结构和放电间隙距离检查。 （4）新投运的接地装置，应检测工频接地电阻值，并检查接地引下线与接地装置的连通情况
运行环节	（1）应开展配电网雷区分布图绘制，绘图时应考虑配电网特性，选取不超过 1 km² 为基本单位计算地闪密度。 （2）应结合配电线路巡检，开展防护装置和接地装置的巡检工作，并在雷雨季节前开展特巡，巡检项目见表 3-35。 （3）每四年进行一次接地电阻测试，测量工作应在干燥天气进行

表 3-35   巡 检 项 目

巡检项目	要 求
防护装置巡检	（1）串联间隙避雷器本体未出现绝缘外套烧蚀变形、开裂； （2）组成部件无松动、移位、缺失； （3）串联间隙避雷器电极未出现电弧蚀损痕迹； （4）串联间隙避雷器本体未出现绝缘外套明显烧蚀变形、开裂； （5）电极、安装支架、紧固件等金属部件未出现明显锈蚀； （6）绝缘罩未出现明显烧蚀变形或者龟裂； （7）放电钳位绝缘子支柱瓷绝缘子未出现整体断裂、伞裙破碎、釉层严重蚀损，支柱复合绝缘子未出现整体断裂、伞裙明显烧蚀变形或者开裂
导线巡检	对于线路防雷用的高压（穿刺）电极安装部位的导线芯线未出现烧伤、断股、磨痕等物理损伤，未产生严重腐蚀、锈蚀
接地装置巡检	要求接地装置完整、正常，接地引下线连接良好，接地线保护管完好

3.4.3 防凝露

随着电网发展，特别是城市配电网建设和发展，电缆化率不断提高，大量的环网柜、箱式变压器、电缆分支箱等箱体设备投入使用，当这类设备的基础通风不畅、封堵不严时，柜体内部可能出现凝露现象，影响设备安全运行。凝露现象是指柜体内壁表面温度下降到露点温度以下时，内壁表面发生的水珠凝结现象。凝露现象会造成配电开关柜金属构件锈蚀，柜内电缆终端头、绝缘部件等设备运行环境恶化，严重甚至会影响设备寿命。配电开关柜类设备大部分户外运行，在空气湿度大、昼夜温差大、所处位置湿度大、排气状况差、受遮挡日照时间短等情况下，凝露极易发生。

各环节预防凝露相关措施如表 3-36 所示。

表 3-36　　　　　　　　各环节预防凝露相关措施

相关环节	预 防 措 施
设计环节	（1）设计阶段应根据设备所处环境、凝露产生的主要原因和危害严重程度，结合历史运行经验，对不同环境下户内外设备应采取差异化的预防措施。 （2）开关柜（环网柜）防护等级不应低于 IP41，电动操动机构及二次回路封闭装置的防护等级不应低于 IP55。环网箱、箱式变电站的外壳防护等级不应低于 IP33，低压电缆分支箱箱壳防护等级不应低于 IP44。户外环网箱应使用全绝缘、全密封的环网柜。 （3）站房设备宜设在地上一层，当条件限制且有地下多层时，应优先考虑地下负一层，不应设在地下最底层；不应设置在卫生间、浴室或其他经常积水场所的正下方，无关的管道（自来水管、污水管和排水管）不应通过站房内部，同时要考虑有效的防水、排水、通风、防潮与隔离等措施。 （4）对户外箱式设备应采用自然通风法预防凝露，基础底座高出地面不小于300 mm，应设置对流通风口，并采取防止小动物进入的措施，电缆进出线孔洞须封堵。对凝露较重地区应视情况增加电加热、电除湿装置及强排/抽风等防凝露措施。 （5）户内配电站房应配置除湿装置、排风设施和温度控制装置，保证站房内环境不满足凝露产生的条件，在仍不能满足防凝露要求的情况下，还应对柜体加装电加热、电除湿装置，并采取强排/抽风等防凝露措施。当站房处于负一层及以下时，应设置与同层建筑相对独立的专用通风系统。 （6）电缆管沟及设备基础的排水宜采用自流式有组织排水，应设置集水井汇集雨水，经地下设置的排水暗管至窨井，有组织地将水排至附近市政雨水管网中
基建环节	（1）电缆通道建设时，应将所有管孔（含已敷设电缆）和电缆通道与变、配电站（室）连接处应用阻水法兰等措施进行防水封堵，避免设备凝露、管孔淤塞等。设备基础不得与雨水、污水管道及其他管道混同或互通，避免基础内长时间积水。 （2）加强到货设备的外壳和本体防护等级的验收，重点对一二次室和机构箱开展专项验收，对于不符合防护等级的设备，要求供货商及时整改。 （3）施工过程中应严禁破坏原有箱体的防护结构，电缆安装结束后，应及时对孔洞封堵严实，封堵后的设备不应低于原有的防护等级。 （4）要加强户外箱式设备及其电缆井、箱体基础等土建基础设施投运前的中间检查和竣工验收，避免"带病投运"
运行环节	（1）设备运维管理单位应开展设备全寿命周期管理，完善配电设备的防凝露措施，从设备选型、辅助设施应用、日常巡视等方面加强管控，防止因凝露发生设备故障。不得以设备全密封、全绝缘、免维护为理由而降低运行维修标准。 （2）设备运维管理单位应定期对配电设备基础、防凝露辅助设备和电缆通道进行巡视检查，并应注意合理选择防凝露巡视时机。在高湿及昼夜温差大的天气条件下应开展开关柜设备凝露情况特殊巡视，并做好记录，发现问题及时报送，并采取有效的治理措施。

相关环节	预 防 措 施
运行环节	（3）防凝露特殊巡视主要包括户内外电气设备、电缆通道和构筑物巡视。巡视时应检查电缆通道和基础是否通风不良，缆线孔洞的封堵是否完好；电缆盖板有无破损、缺失；电气设备和构筑物是否有凝露；对加热器、除湿器等装置进行试运行检查，确保处于良好状态。 （4）凝露危害程度可结合电气设备的局放检测等方法进行评估，通过超声波、暂态地电压等检测手段，结合凝露巡视情况，评估凝露危害状况，及时采取针对性措施，必要时落实基础整治、设备检修和设备更换等整改措施。 （5）应结合线路（设备）停电，对凝露易发区域各类设备进行开门检查，检查凝露状况及仓室内设备的绝缘和锈蚀情况，及时发现爬电闪络和设备锈蚀并处理。 （6）对不满足通风、防潮要求的在运设备，宜对设备基础进行改造，增加基础通风口，新建通风设施，完善封堵等措施。 （7）对存在由于凝露导致爬电闪络迹象的设备，可采用绝缘、阻燃、密封涂料等进行绝缘加强及密封处理。 （8）对原有柜体进行防凝露改造时，应合理选择位置安装电加热、电除湿、凝露导流板等防凝露装置，并注意布线的施工工艺，不妨碍柜内设备电气及机械性能，加热、除湿装置的电源进线端应安装低压小型断路器

3.4.4 防水淹站房

近些年来，受全球气候变化影响，极端恶劣天气增多，不少城市出现了洪水及内涝情况，发生了水淹地下配电房、开关站等安全事故，极大影响了城市居民用电安全。

各环节预防水淹站房相关措施如表 3-37 所示。

表 3-37 各环节预防水淹站房相关措施

相关环节	预 防 措 施
设计环节	（1）合理制定设防水位，并使站址标高高于设防水位，居民小区配电室（开关站）宜建设在地上且配电房室内地面应高于室外平均高度 0.35 m，因条件所限，新建站室无法建设在地面上时应满足相关规范要求。 （2）位于洪涝区域的站、室应加强建筑物的防水设计，在配电室（开关站）大门周边设置挡水坡，减小洪涝水位以下的门窗、通气孔等可能进水面积；电缆孔洞需封堵好，必要时增加自动抽水装置；在配电站站内进出口电缆通道处加装视窗，便于日常巡视观察站内电缆沟中积水情况，提前采取预防措施。 （3）对洪涝灾害严重的现有开关站、配电室，宜采取差异化设计进行防洪涝改造。干式变压器等高度低的设备宜加装预制基础和减噪措施直接抬高；全封闭性开关柜可以在满足母线检修和散热条件下，合理利用柜顶和天花板距离抬高基础；使用年限已久的 GG1A、GGX 等开关柜宜结合设备改造更换为中置柜、充气柜等高度低的开关柜，以抬高基础。 （4）新建和改造的开关站、配电室，应合理选用防水防潮配电设备，以免受淹或受潮绝缘恢复困难。地下配电室、开关站应有通风装置，优先考虑自然通风，如自然通风条件不允许，则采用机械通风；应有除湿装置，并保证室内温度−15～45 ℃，湿度 95%时无凝露。 （5）易受水淹的环网型地下配电室进线电缆在进入地下前需设置前置环网柜

续表

相关环节	预 防 措 施
基建环节	（1）开关站、配电室屋顶应采取完善的防水措施，电缆进入地下应设置过渡井（沟）（或采取有效的防水措施）并设置完善的排水系统，避免室外积水倒灌进配电站室，当开关站、配电室等配电设施设置在地下层时，宜设置除湿机，可设置集水井，井内设两台潜水泵，其中一台为备用。 （2）地上配电室、开关站墙面、屋顶应粉刷完毕；屋顶无漏水，门窗及玻璃安装完好；屋顶宜为坡顶，防水级别为 2 级；墙体无渗漏，防水试验合格；屋面排水坡度不应小于 1/50，并有组织排水，屋面不宜设置女儿墙。设计为无屋檐的开关站、配电室应加装防雨罩。 （3）电缆施工检修完毕应对电缆管沟及时加以封堵
运维环节	（1）建立、健全防汛组织机构，强化防汛工作责任制，明确防汛目标和防汛重点。 （2）汛前备足必要的防洪抢险器材、物资，并对其进行检查、检验和试验，确保物资的良好状态。确保有足够的防汛资金保障，并建立保管、更新、使用等专项使用制度。 （3）加强洪涝冲刷区域站所类建（构）筑物巡视工作，注意建筑物的门、窗有无损坏，房屋、设备基础有无下沉、开裂，屋顶有无漏水、积水，沿沟有无堵塞；室内排水设施是否完好。及时开展消缺和检修工作

3.5　配电网易损设备故障防治能力提升技术

配电网的设备大多处于室外，工作环境差，腐蚀情况严重，因此针对配电设备各自开展故障预防的研究十分重要。最常见的易损设备主要有电缆中间接头、电缆终端、线夹、跌落式熔断器以及避雷器等，故障影响最严重的设备则主要是配电变压器。

3.5.1　防配电变压器故障

1. 配电变压器故障情况

配电变压器是配电网最关键的设备之一，其分布广、种类多，并且直接与用户相连，因此配电变压器故障会造成整个台区停电，影响用户正常用电，故其正常稳定运行是配电网安全可靠的重要保障。根据国家电网有限公司 95598 系统，由于变压器故障造成台区停电是造成停电投诉较多的主要原因。每年系统发生配电变压器损坏事故近百起，特别是迎峰度夏度冬和春节等用电负荷高峰时期，对配电网的安全可靠运行造成了重大影响。开展配电变压器故障分析与建议方面的专题研究，有利于减少配电变压器故障，减少停电次数，从而预防重复性、多发性停电，提高供电可靠性。

2. 配电变压器故障的主要原因

（1）绕组故障。绕组故障是变压器最常见故障，据统计表明，变压器绕组故障约占变压器故障的 70%～80%。变压器绕组发生故障可分为绕组短路故障、绕组变形故障、绕组潜在绝缘故障、其他故障。绕组故障的主要原因有如下几点：

1）低压线路运行维护不到位，频发线路重复性短路故障，并且配电变压器低压保护未投运，易造成电流激增，造成线圈温度迅速升高，导致绝缘老化，并且电流激增会使配电变压器绕组受到较大电磁力矩作用，使其发生位移或者形变，绝缘材料形成碎片状脱落，使线体裸露而造成匝间短路；

2）设计时绕组的抗短路能力不足，绕组周围的加紧构件设计不合理；

3）绕组缠绕不紧，干燥不充分，加压不均匀，撑条不紧，同心度偏差大等；

4）运行过程中发生碰撞、倾斜；

5）雷雨天气时，避雷器未起到引雷保护作用。

（2）铁芯故障。正常运行的变压器，其铁芯和夹件等金属结构均处于强电场中，如果铁芯不可靠接地或者出现两点及以上接地，将会在接地点之间产生环流，使铁芯局部过热，严重时会使铁芯片间短路、融化并且烧毁相邻硅钢片间的漆膜，造成故障扩大，甚至发生事故。配电变压器铁芯多点接地故障的主要原因有如下几点：

1）安装过程中由于工作疏忽使铁芯碰触外壳或者金属夹件；

2）制造工艺或者设计不合理；

3）铁芯绝缘受潮或者损坏；

4）变压器内有金属遗留物，造成铁芯与外壳相连。

（3）套管故障。变压器套管的主要作用是确保变压器绕组引出线与变压器外壳之间绝缘，同时固定引出线。根据绝缘要求，变压器套管主要有纯瓷套管、充油套管和电容套管等，其中配电变压器主要采用纯瓷套管。变压器套管发生故障容易发生漏电，尤其是在空气湿度较大地区，极易自动跳闸而停电。套管故障的主要原因有如下几点：

1）套管表面污秽，容易在雨雾天气发生电晕现象；

2）套管出现连接松动，接触处过热氧化，甚至烧毁；

3）套管出现裂纹或者破碎。

（4）二次侧单相接地故障。配电变压器两相或者三相短路故障具有可靠的保护动作。但由于配电变压器接线方式的特殊性，当发生单相接地故障时，为保证用户连续、可靠供电，可运行 1～2 h，但是如果运行时间过长，会产生几倍于正常电压的谐振过电压，使线路上的避雷器、熔断器绝缘击穿、烧毁，从而发生电气火灾事故；也有可能产生跨步过电压，造成人身伤亡事故等。二次侧单相接地故障发生的主要原因有如下几点：

1）导线受大风，离建筑物、树障等太近；

2）在雷电多发区，架空线路容易遭受雷击，造成雷击断线；

3）导线在绝缘子中绑扎或固定不牢，脱落到横担或地上；

4）同杆架设导线上层横担的拉线一端脱落，搭在下排导线上；

5）漂浮物（如塑料布、树枝等）挂接在一相上；

6）电缆及其接头受损等。

（5）熔体选择不当容易造成配电变压器故障。配电变压器通常采用熔断器保护，若熔断电流选择过小，则在正常运行状况下极易熔断，造成停电；若熔断电流选择过大，将起不到保护作用，造成过电流故障等。

（6）分接开关故障。变压器的分接开关是起调压作用的。当电网电压高于或低于额定电压时，通过调节分接开关，可以使变压器的输出电压达到额定值。如果分接开关发生故障，容易引发变压器短路故障，严重时造成变压器烧毁。分接开关故障的主要原因有以下几点：

1）接触不良是分接头故障最常见的原因，导致接触不良的原因较多，常见的有表面产生污垢、出头损坏、接触头受压不均、滚轮压力不均匀等。

2）装备设计或者制造不合理造成触头灼伤等。

3）分接开关箱油箱故障，主要有内漏故障和外漏故障。内漏故障是分接开关箱和变压器油箱相连，造成分接开关油位升高；外漏故障是分接开关箱破损或者渗油，造成油位下降。

4）分接开关慢动故障，分接开关慢动容易烧毁过渡电阻，严重时造成变压器烧毁。

5）主轴扭断故障。

（7）三相不平衡引起的故障。三相不平衡现象比较普遍，会造成损耗增加、配电变压器出力降低等，严重的三相不平衡会造成零序电流增加，从而产生磁滞和涡流损耗，造成配电变压器局部温度升高，加速配电变压器绝缘老化，引发配电变压器故障。三相不平衡存在的主要原因有：

1）低压三相线路未引入负荷点；

2）运维工作不到位，未根据负荷情况及时调整负荷接入相。

（8）过载引起配电变压器故障。部分地区负荷发展较快，配电变压器增容改造未跟上负荷发展，配电变压器长期处于过载状态，造成配电变压器发热，绝缘老化严重，严重时会造成配电变压器烧毁。其主要原因为地区负荷发展快，技改大修项目储备不合理。

（9）自然灾害、外力破坏引起配电变压器故障。大风、雷雨、外力破坏等易造成配电变压器故障。大风倒树倒杆、暴雨冲毁电杆、洪水淹没配电箱、雷击、车辆撞击电杆等是导致配电变压器发生故障的主要自然、外力破坏因素。

3. 配电变压器故障的防治措施

根据配电变压器常见故障，在防治措施上给出如下建议：

（1）做好变压器入网运行前的检测工作。变压器入网运行检测是把好设备质量关的最后一道工作，做好入网检测工作，可大大地降低配电变压器故障现象的发生，严格按照 JB/T 501—2006《电力变压器试验导则》的要求进行变压器检测工作，确保变压器质量，具体试验工作有：油箱密封实验、绝缘特性测量、变压器油试验、绕组电阻试验、耐压试验、损耗试验、分接开关试验、温升试验、油箱机械强度试验等。

（2）定期巡视低压线路及其附属设备，排除隐患。对配电线路进行定期巡视，主要检查导线与树木、建筑物的距离，电杆顶端是否有鸟窝，导线在绝缘子中的绑扎或固定是否牢固，绝缘子固定螺栓是否松脱，横担、拉线螺栓是否松脱，拉线是否断裂或破股，导线弧垂是否过大或过小等。

（3）做好变压器及其附属设备的巡视、检测工作。配电变压器及其附属设备巡视、检测工作主要可分为两类：

1）日常巡视检查项目：

①变压器油温和油位是否正常，各部件是否破损、漏油；

②套管油位是否正常，有无破损、渗油等现象；

③各冷却器手感温度是否正常；

④吸湿器是否完好，吸附剂是否干燥；

⑤引线接头、电缆、母线是否存在异常发热迹象；

⑥压力释放器、安全气道是否完好无损；

⑦配电箱门是否关严，箱体内有无受潮、鸟巢等。

2）定期检查项目：

①外壳及箱沿是否异常发热；

②各部位的接地是否完好，必要时应测量铁芯和夹件的接地电流；

③各种标志是否齐全明显；

④保护装置是否齐全、良好、合理；

⑤消防设施应是否齐全、完好；

⑥温度计应在检定周期内，超温信号应正确可靠；

⑦避雷器表面有无破损，并定期对避雷器进行绝缘测试。

（4）加强运维管理，确保配电变压器在合理运行区间：

1）加强重过载变压器的运行监测，加大工程储备和建设力度，尽快落实增容改造或者配电变压器轮换的实施；

2）根据配电变压器运行情况，监测配电变压器三相不平衡度，对于长期处于三相不平衡的配电变压器，及时更改负荷接入相，降低配电变压器三相不平衡度；

3）在度冬、度夏易发生过负荷的季节，对于老旧、易发生重过载的配电变压器采取分区域、分台区、定专人逐一排查、巡视；

4）对于运行年限较长的配电变压器，应进行健康评估，存在安全隐患的尽早更换。

（5）提升配电变压器防自然灾害的能力：

1）柱上配电变压器（以下简称柱上变）。

设计阶段：柱上变选址禁止选择在低洼、易积水、强风口地带，电杆埋深、台面离地距离、台面平面坡度、高低压跌落式熔断器离地距离等严格按照相关要求。

施工阶段：在易产生强风地区，应适当加装防风拉线。加强施工前现场检查工作，重点检查电杆壁厚是否均匀，有无裂痕、露筋、漏浆。遇到土质松软、滩涂等特殊地形，应采取加装底盘、卡盘、混凝土基础等加固措施。做好工程验收工作，重点对于离地距离、台面坡度、电杆埋深等进行检查。

运维阶段：对于易遭受强风、雷击的柱上变，应在大风季节、雷雨季节前进行巡视，主要巡视电杆有无倾斜、离地距离是否满足要求、避雷器是否可靠等。

加强柱上变日常巡视工作，及时修剪树木、清理悬挂物，对于路边的柱上变要加装反光标识。

2）配电室。

设计阶段：配电室选址禁止选择在低洼、易积水点，配电室采光窗、防小动物、墙面、通风、消防等严格要求相关设计规程。

施工阶段：配电室门、窗向外开，房顶无漏雨、渗水现象，防小动物措施完整。配电室内、外照明完好，室内通风良好，符合防火要求，标志明显。配电室卫生环境良好，无杂物，进出线孔洞应封堵完好。

运维阶段：在雷雨季节前，做好配电室巡视工作，尤其是地处低洼地带的配电室和地下配电室，主要巡视消防是否满足要求、避雷器是否安全可靠等。日常巡视中应注意配电室内有无异物、有无小动物活动现象、进出线柜和避雷器等有无异常、变压器有无异常等方面。

3.5.2 防电缆故障

电缆容易发生故障和损伤的部位主要为中间接头和终端，电缆本体发生的故障大多为外力破坏，损害程度以及数量小于电缆中间接头和终端。

1. 防电缆中间接头故障

电缆中间接头的制作大多为冷缩工艺，中间接头易发生损坏的原因主要为设备质量、过负荷、运维不当、设备老化、外力破坏、施工质量以及自然原因等。

电缆中间接头损坏原因及治理措施如表 3-38 所示。

表 3-38　　　　　　　　　　电缆中间接头损坏原因及治理措施

易损设备	损坏原因	原 因 分 析	治 理 措 施
电缆中间接头	设备质量问题	（1）连接管质量问题； （2）连接金具接触面氧化、压接面积不够； （3）冷缩套管质量不达标； （4）恒力卡簧质量不达标	（1）严格做好物资到货验收工作； （2）试验核对其各项技术指标是否达标
	过负荷	电缆线路长期处于过负荷运行状态	（1）减负荷； （2）改变运行方式
	运维不当	运行环境差，污秽多并且潮湿	提高电缆运维人员专业素质及技术水平，加强巡视
	设备老化	（1）电缆中间接头长期泡在酸碱性超标的污水中； （2）电缆线路靠近热源，导致电缆中间接头整体或局部长期受热而过早老化； （3）电缆线路长期处于超负荷运行状态，导致接头连接部件过热，加速老化	（1）改善电缆运行环境，线路排列整齐，施工中做好沟道的排水及拓宽工作； （2）减负荷，改变运行方式； （3）提高电缆运维人员专业素质及技术水平
	外力破坏	（1）道路施工； （2）地面沉降； （3）各种地下管线施工开挖沟道	（1）在施工地点树立显眼标识、警示牌，提示施工队伍注意； （2）加强宣传和日常巡视力度
	施工质量问题	（1）施工人员施工工艺粗糙造成中间头损伤； （2）连接管未打磨，压接不严； （3）未做好全程把关，一些小缺陷未及时发现	（1）严格执行持证上岗制度； （2）实施电缆接头施工质量终身负责制，提高施工人员的工作责任心； （3）做好电缆头制作人员的资质把关工作； （4）在安装完电缆中间接头后，在显眼的部位悬挂安装信息标识牌； （5）做好电缆头制作前的准备工作，在制作电缆头前应认真阅读电缆头制作说明书，要求施工单位人员加强培训，严格按照电缆中间接头制作说明书施工
	自然原因	大风、雨雪等恶劣天气	（1）做好沟道的排水及拓宽工作，为中间接头的施工及维护提供基本保障； （2）定期巡视、检修，及时排除缺陷

2. 防电缆终端故障

电缆终端的制作大多为冷缩工艺，易发生损坏的原因主要为设备质量、过负荷、运维不当、设备老化、外力破坏、施工质量以及自然原因等。

电缆终端损坏原因及治理措施如表 3-39 所示。

表 3-39 电缆终端损坏原因及治理措施

易损设备	损坏原因	原 因 分 析	治 理 措 施
电缆终端	设备质量问题	(1) 冷缩套管质量不达标; (2) 恒力卡簧质量不达标	(1) 严格做好物资到货验收工作; (2) 试验核对其各项技术指标是否达标
	过负荷	电缆线路长期处于过负荷运行状态	(1) 减负荷; (2) 改变运行方式
	运维不当	运行环境差,污秽多并且潮湿,金属部分锈蚀严重,电缆终端接线端子和螺栓锈蚀	(1) 根据电缆投入使用的年限,制定运维、检修及更换方案; (2) 提高电缆运维人员专业素质及技术水平,加强巡视
	外力破坏	(1) 道路施工; (2) 地面沉降; (3) 各种地下管线施工开挖沟道; (4) 电缆走向附近长期有热源、强腐蚀性液体流	(1) 在施工地点树立显眼标识、警示牌,提示施工队伍注意; (2) 加强宣传和日常巡视力度
	施工质量问题	(1) 铜屏蔽层的断口处存在毛刺,容易出现放电现象; (2) 在铜屏蔽层与外半导体的搭接处没有用半导电带实施缠绕搭接过渡处理; (3) 没有对电缆绝缘半导体层断口处气隙应用硅脂填充; (4) 剥削电缆半导体层的过程中用力不当,导致表层出现气隙	(1) 严格执行持证上岗制度; (2) 实施电缆施工质量终身负责制,提高施工人员的工作责任心; (3) 做好电缆终端制作人员的资质把关工作; (4) 在安装完电缆终端后,在显眼的部位悬挂安装信息标识牌; (5) 做好电终端制作前的准备工作,在制作电缆终端前应认真阅读制作说明书,要求施工单位人员加强培训,严格按照制作说明书施工

3.5.3 防线夹故障

配电网常用的线夹有设备线夹、熔线夹、持线夹、终端线夹、穿刺接地线夹、紧线夹、绝缘穿刺线夹、双头线夹、引入线夹、并沟线夹及耐张线夹。

线夹易发生损伤的主要原因有设备质量问题、运维不当、施工质量问题及自然原因等。

线夹损坏原因及治理措施如表 3-40 所示。

表 3-40 线夹损坏原因及治理措施

易损设备	损坏原因	原 因 分 析	治 理 措 施
线夹	设备质量问题	接触面粗糙度变大、高低不平,接触不牢固,接触电阻增大	严把材料进场关和验收关

续表

易损设备	损坏原因	原　因　分　析	治　理　措　施
线夹	运维不当	巡视不到位,应力集中,疲劳断裂	(1) 做好运行维护工作,在日常巡视时发现线夹发热、受力要及时处理; (2) 挂接地线时要合理选择所挂位置,避免用力过猛使线夹承受过大的机械力
	施工质量问题	施工工艺问题(后期加工、人工增加弯度、二次钻孔)	(1) 规范施工工艺,避免人为因素操作失误; (2) 加大对施工现场的检查和质量验收力度,发现问题及时解决
	自然原因	(1) 大风、大雨等恶劣天气; (2) 环境污染如酸雨、有害气体等腐蚀和氧化线夹	加强对设备线夹的巡视维护,定期做好红外检测

3.5.4　防隔离开关故障

隔离开关裸露在外部环境中,易发生损伤的主要原因有过负荷、运维不当、设备老化、施工质量问题及自然原因等。

隔离开关损坏原因及治理措施如表 3-41 所示。

表 3-41　　　　　　　　隔离开关损坏原因及治理措施

易损设备	损坏原因	原　因　分　析	治　理　措　施
隔离开关	过负荷	负荷重,在运行过程中出现发热	(1) 合理调整负荷; (2) 采用承受负荷更高的开关
	运维不当	(1) 隔离开关机构及传动系统锈蚀; (2) 导电回路接触不良; (3) 触头接触处过热	(1) 加强对户外隔离开关的检查和维护工作,避免开关出现老化和破损等现象; (2) 及时对达不到标准要求的部件进行处理及更换,做好锈蚀部件的检修和维护工作
	设备老化	开关接触部分设备老化严重,进而引起接触部分发热	加强对户外隔离开关的检查和维护工作,避免开关出现老化现象,及时对老化设备进行更新
	施工质量问题	对开关接触部分设备安装不规范,导致开关接触部分发热	明确操作权限,规范操作,避免人为因素操作失误
	自然原因	(1) 空气污染较严重,受酸雨、盐雾和电化学反应的影响较严重; (2) 风雨、高温、雷电等恶劣天气	定期巡视、检修,及时排除缺陷

3.5.5 防跌落式熔断器故障

跌落式熔断器作为 10 kV 配电网不可缺少的附属设备，随着广泛应用，故障发生率也在逐日增加。损坏原因主要集中在设备质量问题、运维不当、设备老化、施工质量问题以及自然原因等。

跌落式熔断器损坏原因及治理措施如表 3-42 所示。

表 3-42 跌落式熔断器损坏原因及治理措施

易损设备	损坏原因	原因分析	治理措施
跌落式熔断器	设备质量问题	（1）弹簧垫子弹性较差； （2）熔丝松脱拉出，主要是指熔丝本体从与多股尾线的压接处拉出； （3）生产厂家工艺粗糙、制造质量差、触头弹簧片弹性不足，造成触头接触不良而过热，产生火花	（1）严把设备采购质量关和验收关； （2）选择精度高、强度高、由铜铸件铸成的触头，触头上端尽可能使用压簧式顶压式接触结构，更易跌落
	运维不当	（1）带负荷频繁操作跌落式熔断器； （2）熔丝容量与配电变压器容量配置不相符合	（1）明确高压跌落式熔断器操作权限，规范操作，避免人为因素造成操作失误； （2）熔断器的每次操作必须仔细认真，特别是合操作，必须使动、静触头接触良好； （3）定期对熔断器进行巡视，每月不少于一次夜间巡视，提高电网检修质量，提高电工的技术素质和检修工艺
	设备老化	运行年久，尤其是负荷长期较小的配电变压器，熔丝管内有因进水受潮而发生熔丝霉断的现象	运行超过 5 年的跌落式熔断器均应及时更换
	施工质量问题	（1）施工过程中工艺质量控制不足； （2）熔丝更换过程中，安装工人技能不足，调整受力不适当	（1）验收单位人员提高自身技术水平，严把验收关； （2）要求施工单位人员加强培训，严格按照设备说明书施工
	自然原因	（1）风吹雨淋及环境污染； （2）恶劣天气	（1）提高电网检修质量，及时排除缺陷； （2）选择可防鸟害、抗紫外线、不易老化、抗水性强的工程复合管； （3）选择向下单向排气，禁止雨水侵入

3.5.6 防避雷器故障

作为一种极为有效的防雷措施，10 kV 配电网中已经越来越多地安装避雷器来保证电力设备和配电线路的运行安全。但实际运行表明，避雷器本身具有缺陷，其引起的故障会导致避雷器无法对保护范围以内的电力设备和线路进行很好的保护，甚至还会造成电力设备和线路的损坏，若事故未得到及时控制而进一步扩大，还会造成 10 kV 配电网的大面积停电事故。因此，对避雷器常见故障产生的原因进行分析，并有针对性地采取措施进行预防，具有极强的现实意义。

1. 10 kV 配电网避雷器故障情况

10 kV 配电网避雷器的常见故障大都是由雷击、外部污闪或自身产品质量等造成。10 kV 配电网避雷器在遭受雷击时，可能由于过大的雷电过电压，导致避雷器内部的氧化锌阀片爆裂，或由于累积效应，使避雷器内部的绝缘性能不断劣化，最终造成避雷器的绝缘筒炸裂。而长期在污染比较严重的地区运行，也会造成 10 kV 配电网避雷器外部积污，当积污达到一定程度时，在潮湿气候下避雷器表面就容易形成沿面放电，导致外部污闪。此外，诸如密封不严等质量问题所导致的内部受潮致使 10 kV 配电网避雷器热击穿的事故也时有发生。

2. 10 kV 配电网避雷器故障原因分析

（1）10 kV 配电网避雷器存在密封缺陷。10 kV 配电网避雷器在出厂时要进行质量检测，如检测过程不够严密或厂家本身所采取的密封技术不完善，都有可能导致避雷器的绝缘筒与内部的氧化锌阀片间存在气隙。而一旦存在气隙，在长期运行过程的呼吸作用下，避雷器内部就极易受潮，当潮气积累到一定程度时，就会大大降低避雷器内部的绝缘性能，最终导致雷电过电压条件下的内部氧化锌阀片出现闪络，并产生电弧，使避雷器受到损坏。

（2）氧化锌阀片抗老化性能差。10 kV 配电网避雷器运行过程中需要承受电网的工频电压、雷电过电压、操作过电压以及运行环境中潮气的侵袭，这些因素都会加速避雷器内部的氧化锌阀片老化。而当氧化锌阀片老化到一定程度，在遭受雷击时，阀片表面的泄漏电流就会出现分布不均匀的情况，从而导致阀片局部电流密度远大于所能承受的极限值，造成阀片损坏。因此，10 kV 配电网避雷器内部的氧化锌阀片必须具有很好的抗老化性能。若抗老化性能差，经过长期运行后，避雷器发生故障的概率就会大大增加。

（3）10 kV 配电网避雷器瓷套污染。若 10 kV 配电网避雷器长期运行于污染较为严重的环境中，其外部瓷套极易产生积污。例如，当 10 kV 配电网避雷器处于粉尘污染严重的环境中，如冶金厂区等，避雷器外部的瓷套就很容易积聚金属粉尘。当所积聚的金属粉尘达到一定程度时，在雨、雪、露、雾等气候条件下，积污就会与水汽相融合，形成一个导电层，会有较小的泄漏电流在瓷套表面流过。该泄漏电流所产生的热效应会使水汽蒸发，从而形成一个局部的干燥区域，在干燥区域的两端形成较强的电场，一旦电场强度达到了空气放电的临界场强，就会造成瓷套表面的沿面闪络。长此以往，闪络次数不断增加，最终就会导致避雷器表面的老化闪络，从而造成故障。

第4章　配电网故障停电隔离保护技术

　　配电网是电力系统中直接面向用户的环节，对用户供电质量和客户满意度的影响也最为直接。研究表明，电力系统中大约80%以上的停电是由配电网造成的，因此对配电网停电隔离保护技术的研究分析已成为一个十分重要的课题。配电网故障主要分为相间短路故障、接地故障和断线故障，其中相间短路故障对配电网的影响最大，接地故障在配电网中发生最为频繁。为提高配电网的供电可靠性，本节将针对短路故障保护配置技术、接地故障处理技术、断线不接地故障检测技术展开论述，并提出相应的保护配置方案。

4.1　短路故障保护配置技术

　　短路故障是影响配电网正常运行的最常见原因之一，往往对配电网的供电可靠性指标产生很大影响，也会对配电网的设备产生巨大危害。短路故障多发生在各相之间，主要包括相间短路、接地短路等，常常伴随着电流增大、电压降低的现象。短路故障时，数值很大的短路电流会在短路点产生电弧，损坏故障设备。短路电流通过非故障设备时，产生热和电动力的作用，严重降低非故障设备的绝缘性和缩短使用寿命；电压量的普遍降低，会使大量电力用户的正常工作遭到破坏或产生废品。为提高配电网的供电可靠性和供电质量，传统的中压配电网广泛采用三段式电流保护，来提升配电网的保护水平。

　　三段式电流保护包括电流速断保护、限时电流速断保护和定时限过电流保护。电流速断保护是三段式电流保护的Ⅰ段保护，用以反应电流幅值增大而瞬时动作的电流保护，其动作时限为零，保护定值按整条线路的最大短路电流来整定，保护范围仅为线路的一部分，不能保护线路全长。限时电流速断保护是三段式电流保护的Ⅱ段保护，是带时限的保护，动作时限一般为 0.3～0.5 s，保护定值按下一级线路的Ⅰ段动作电流来整定。Ⅲ段保护即定时限过电流保护，其动作电流按照最大负荷电流来整定，只要线路电流大于线路可能出现的最大负荷电流，保护即可判断为故障电流，通过时限作用于跳闸。

由于配电线路都比较短，电流保护的Ⅰ段、Ⅱ段定值差别不大，无法区别，部分地市公司取消了Ⅰ段电流速断保护，并延长了Ⅱ段限时速断的时限，为下级线路的保护配置留下空间。

4.1.1 三段式电流保护存在的问题

（1）Ⅰ段过电流定值是按最大运行方式整定，而最大运行方式不经常运行，就造成了保护范围的局限性。

（2）由于配电线路都比较短，电流保护的Ⅰ段、Ⅱ段定值差别不大，无法区别，而短路时电流又很大，往往造成越级跳闸。

（3）由于配电网馈线比较短，尤其是电缆线路，运行方式变化大，造成下一级变电站母线短路电流同上一级变电站出口短路电流无法区别，采用电流速断保护和限时电流速断保护时，灵敏度不高。

（4）由于配电网中短馈线、T接线、双T接线、环型接线等复杂接线，线路保护可能出现整定配合困难。在城市配电网中，数千米乃至数百米的短馈线路逐年增多。短馈线路采用三段式电流保护时无法保证动作的选择性，造成上下级保护失去配合。

（5）中低压配电保护系统的就地控制模式只能适用于简单网络接线，在复杂的网络接线中难以提高供电可靠性。现有的过电流保护实现配电网保护的前提是将整条馈线视为一个单元。当馈线故障时，将整条线路切掉，并不考虑对非故障区域的恢复供电，这些不利于提高供电可靠率。另一方面，由于依赖时间延时实现保护的选择性，导致某些故障的切除时间偏长，影响设备寿命。

（6）电流速断整定保护线路全长时，通过自动重合闸可以恢复上一级无故障区段供电，将造成上一级区段短时（0.5 s）停电，并对系统产生冲击，尤其对于大量采用电动机的工业用户，电动机短时断电后难于恢复，造成电动机停机，严重影响工业生产。

（7）高渗透率分布式电源接入配电网对过电流保护的影响主要为：

1）高渗透率分布式电源接入，对分布式电源接入点下游保护的助增作用，使保护范围变大，严重时会造成下游保护的误动作；

2）高渗透率分布式电源接入，对分布式电源接入点上游保护的外汲作用，使保护范围变小，严重时会造成上游保护的拒动；

3）高渗透率分布式电源接入，对相邻馈线的保护影响不大；

4）高渗透率分布式电源接入后，由于其输出能力具有间歇性，将会对继电保护带来影响，造成继电保护丧失可靠性或者选择性。

4.1.2　保护方案

传统配电网网架结构和设备配置各有不同，但总体而言还是以三段式电流保护为基础，并以时间为级差，形成不同的级差保护模式。

1. 无级差保护模式

适用线路：专线用户和变电站出线开关的限时电流速断保护动作时限为 0 s 的线路。

配置原则：变电站出线开关投入限时电流速断保护和过电流保护，其中，限时电流速断保护动作时限设定为 0 s，过电流保护动作时限设定为 1 s。线路其他开关只投入过电流保护，时间为 0.5 s，整定值按流过本开关的最大负荷电流整定。

2. 两级级差保护模式

适用线路：变电站出线开关的限时电流速断保护的动作时限大于 0.3 s 的线路。

（1）电缆线路。

1）变电站出线开关+开闭站出线开关。

变电站出线开关投入限时电流速断保护和过电流保护，其中：限时电流速断保护的动作时限设定为 0.3 s；过电流保护动作电流按流过本开关的最大负荷电流整定，动作时限为 1 s。

线路第一级开闭站出线开关投入限时电流速断保护和过电流保护，其中：限时电流速断保护动作时限设定为 0 s；过电流保护动作电流按流过本开关的最大负荷电流整定，动作时限为 0.5 s。

典型线路图如图 4-1 所示，其中变电站出线开关 CB1、CB2 和开闭站出线开关 B1～B6 投入保护。

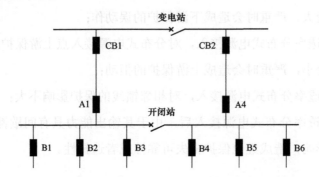

图 4-1　变电站出线开关和开闭站相配合的两级级差保护模式

2）变电站出线开关+环网柜出线开关。

变电站出线开关投入限时电流速断保护和过电流保护，其中：限时电流速断保护动作时限设定为 0.3 s；过电流保护动作电流按流过本开关的最大负荷电流整定，动作时限为 1 s。

环网柜出线开关投入限时电流速断保护和过电流保护，其中：限时电流速断保护动作时限设定为 0 s；投入过电流保护动作电流按流过本开关的最大负荷电流整定，动作时限为 0.5 s。

典型线路图如图 4-2 所示，其中变电站出线开关 CB1、CB2 和开闭站出线开关 B1～B12 投入保护。

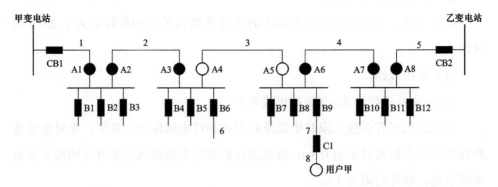

图 4-2　变电站出线开关和环网柜出线开关相互配合的两级级差保护模式

（2）架空线路。

1）变电站出线开关+架空支线开关。

变电站出线开关投入限时电流速断保护和过电流保护，其中：限时电流速断保护动作时限设定为 0.3 s；过电流保护动作电流按流过本开关的最大负荷电流整定，动作时限为 1 s。

架空支线开关投入限时电流速断保护和过电流保护，其中：限时电流速断保护动作时限设定为 0 s；过电流保护动作电流按流过本开关的最大负荷电流整定，动作时限为 0.5 s。

典型线路图如图 4-3 所示，其中变电站出线开关 CB1、CB2 和架空支线开关 B1~B6 投入保护。

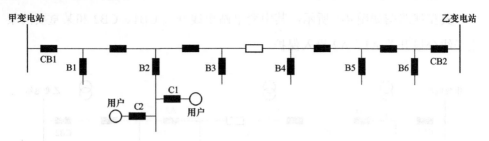

图 4-3　变电站出线开关和架空支线开关相配合的两级级差保护模式

2）变电站出线开关+用户开关。

变电站出线开关投入限时电流速断保护和过电流保护，其中：限时电流速断保护动作时限设定为 0.3 s；过电流保护动作电流按流过本开关的最大负荷电流整定，动作时限为 1 s。

用户开关投入限时电流速断保护和过电流保护，其中：限时电流速断保护动作时限定为 0 s；过电流保护动作电流按流过本开关的最大负荷电流整定，动作时限为 0.5 s。

典型线路图如图 4-4 所示，其中变电站出线开关 CB1、CB2 和用户开关 C1、C2 投入保护。

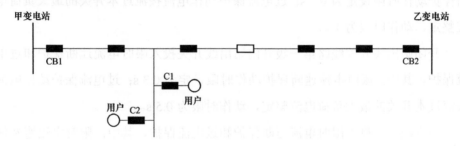

图 4-4　变电站出线开关和用户开关相配合的两级级差保护模式

3）变电站出线开关+某重要的架空干线分段开关。

变电站出线开关投入限时电流速断保护和过电流保护，其中：限时电流速断保护动作时限设定为 0.3 s；过电流保护动作电流按流过本开关的最大负荷电流整定，动作时限为 1 s。

某重要的架空干线分段开关投入限时电流速断保护和过电流保护，其中：限时电流速断保护动作时限设定为 0 s；过电流保护动作电流按流过本开关的最大负荷电流整定，动作时限为 0.5 s。

典型线路图如图 4-5 所示，其中变电站出线开关 CB1、CB2 和某重要的架空干线分段开关 A1、A2 投入保护。

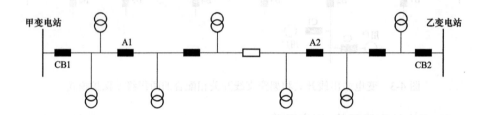

图 4-5　变电站出线开关和某重要架空干线分段开关相配合的两级级差保护模式

3. 三级级差的保护模式

适用线路：变电站出线开关的限时电流速断保护的动作时限大于 0.5 s 的线路。

（1）电缆线路。

1）变电站出线开关+开闭站出线开关+分支线开关。

变电站出线开关投入限时电流速断保护和过电流保护，其中：限时电流速断保护动作时限设定为 0.5 s；过电流保护动作电流按流过本开关的最大负荷电流整定，动作时限为 1 s。

开闭站出线开关线路第一级开闭站出线开关投入限时电流速断保护和过电流保护，其中：限时电流速断保护动作时限设定为 0.3 s；过电流保护动作电流按流过本开关的最大负荷电流整定，动作时限为 0.5 s。

分支线开关投入限时电流速断保护和过电流保护，其中：限时电流速断保护动作时限设定为 0 s；过电流保护动作电流按流过本开关的最大负荷电流整定，动作时限为 0.2 s。

典型线路图如图 4-6 所示，其中变电站出线开关 CB1 和 CB2、开闭站出线
开关 B1-B6、分支开关 C1 和 C2 投入保护构成三级级差。

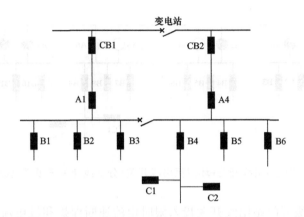

图 4-6　变电站出线开关+开闭站出线开关+分支线开关三级级差保护模式

2）变电站出线开关+环网柜出线开关+分支线开关。

变电站出线开关投入限时电流速断保护和过电流保护，其中：限时电流速
断保护动作时限设定为 0.5 s；过电流保护动作电流按流过本开关的最大负荷
电流整定，动作时限为 1 s。

环网柜出线开关投入限时电流速断保护和过电流保护，其中：限时电流速
断保护动作时限设定为 0.3 s；过电流保护动作电流按流过本开关的最大负荷电
流整定，动作时限为 0.5 s。

分支线开关投入限时电流速断保护和过电流保护，其中：限时电流速断保
护动作时限设定为 0 s；过电流保护动作电流按流过本开关的最大负荷电流整
定，动作时限为 0.2 s。

典型线路图如图 4-7 所示，其中变电站出线开关 CB1 和 CB2、环网柜出线
开关 B1～B12、分支开关 C1 和 C2 投入保护，构成三级级差。

（2）架空线路。

1）变电站出线开关+分支线开关+用户开关。

变电站出线开关投入限时电流速断保护和过电流保护，其中：限时电流速

断保护动作时限设定为 0.5 s；过电流保护动作电流按流过本开关的最大负荷电流整定，动作时限为 1 s。

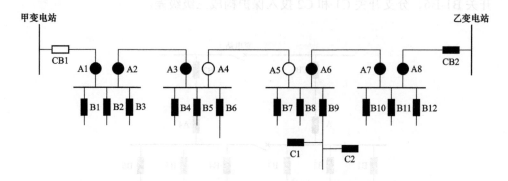

图 4-7　变电站出线开关+环网柜出线开关+分支线开关三级级差保护模式

线路第一级开闭站出线开关投入限时电流速断保护和过电流保护，其中：限时电流速断保护动作时限设定为 0.3 s；过电流保护动作电流按流过本开关的最大负荷电流整定，动作时限为 0.5 s。

用户开关投入限时电流速断保护和过电流保护，其中：时限电流速断保护动作时限设定为 0 s；过电流保护动作电流按流过本开关的最大负荷电流整定，动作时限为 0.2 s。

典型线路图如图 4-8 所示，其中变电站出线开关 CB1 和 CB2、分支线开关 B1～B6、用户开关 C1 和 C2 投入保护，构成三级级差。

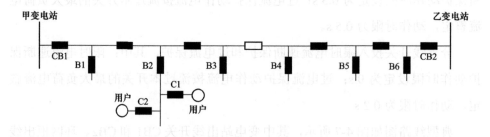

图 4-8　变电站出线开关+分支线开关+用户开关三级级差保护模式

2）变电站出线开关+某重要的架空干线分段开关+用户开关。

变电站出线开关投入限时电流速断保护和过电流保护，其中：限时电流速断保护动作时限设定为 0.5 s；过电流保护动作电流按流过本开关的最大负荷电流整定，动作时限为 1 s。

某重要的架空干线分段开关投入限时电流速断保护和过电流保护，其中：限时电流速断保护动作时限设定为 0.3 s；过电流保护动作电流按流过本开关的最大负荷电流整定，动作时限为 0.5 s。

用户开关投入限时电流速断保护和过电流保护，其中：限时电流速断保护动作时限设定为 0 s；过电流保护动作电流按流过本开关的最大负荷电流整定，动作时限为 0.2 s。

典型线路图如图 4-9 所示，其中变电站出线开关 CB1 和 CB2、某重要的架空干线分段开关 A1、用户开关 C1 和 C2 投入保护，构成三级级差。

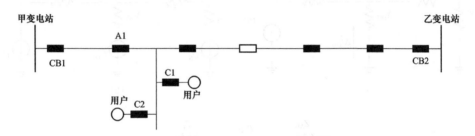

图 4-9　变电站出线开关+某重要的架空干线分段开关+用户开关三级级差保护模式

4. 含分布式电源的配电网短路故障自适应保护研究

在分布式电源广泛接入配电网的情况下，自适应过电流保护，与上一节研究的传统的配电网短路过电流保护相比，是利用智能电网量测体系的优势，根据分布式电源的当前输出能力，自适应地改变阶段式过电流保护的动作整定值，来消除由当前接入的分布式电源容量产生的助增电流与外汲电流对阶段式过电流保护的影响，并且能消除由分布式电源自身间歇性导致的输出能力变化对继电保护的影响。

（1）利用故障分量来计算不同电源容量时的等效系统阻抗。

将分布式电源进行戴维南等效变换为理想电流源 S_{DG} 串联等效阻抗 Z_{DG} 的情形，利用对故障分量的计算获取等效阻抗，来衡量分布式电源的输出能力。

图 4-10 为配电网网架结构图，当配电网发生短路 K1 时，可以得到图 4-11 所示状态网络结构，其中的故障分量都可以测量计算得到。

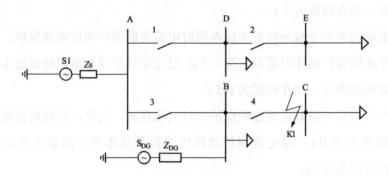

图 4-10 配电网网架图

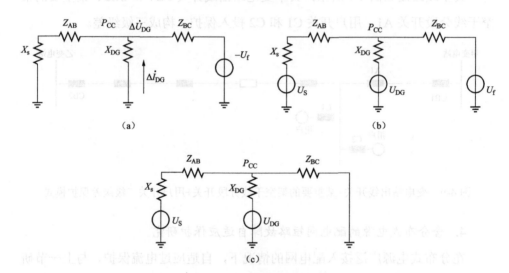

图 4-11 状态网络叠加分解图

（a）故障附加状态网络；（b）正常状态网络；（c）故障状态网络

为使自适应电流保护适应于各类型故障，通过对称分量法，利用式（4-1）和式（4-2）将所得电流、电压信息进行相模变换。

$$
\begin{bmatrix} \dot{U}_{DG}^{(1)} \\ \dot{U}_{DG}^{(2)} \\ \dot{U}_{DG}^{(0)} \end{bmatrix} = \frac{1}{3} \begin{bmatrix} 1 & a & a^2 \\ 1 & a^2 & a \\ 1 & 1 & 1 \end{bmatrix} \begin{bmatrix} \dot{U}_{DGa} \\ \dot{U}_{DGb} \\ \dot{U}_{DGc} \end{bmatrix} \tag{4-1}
$$

$$
\begin{bmatrix} \dot{I}_{DG}^{(1)} \\ \dot{I}_{DG}^{(2)} \\ \dot{I}_{DG}^{(0)} \end{bmatrix} = \frac{1}{3} \begin{bmatrix} 1 & a & a^2 \\ 1 & a^2 & a \\ 1 & 1 & 1 \end{bmatrix} \begin{bmatrix} \dot{I}_{DGa} \\ \dot{I}_{DGb} \\ \dot{I}_{DGc} \end{bmatrix} \tag{4-2}
$$

其中 $a = e^{j120°}$，$a^2 = e^{j240°}$ 且有 $1 + a + a^2 = 0$，$a^3 = 1$。

图 4-12 为故障附加网络，由图可知：故障分量不受负荷电流和电源电压的影响。利用分布式电源并网点的电压故障分量正序值和电流故障分量正序值，可计算出分布式电源背侧等效阻抗，如式（4-3）所示。

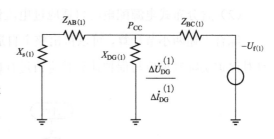

图 4-12　故障附加网络图

$$Z_{DG} = -\frac{\Delta \dot{U}_{DG}^{(1)}}{\Delta \dot{I}_{DG}^{(1)}} \tag{4-3}$$

利用图 4-10 所示的配电网网架图，进行自适应分布式电源容量的整定。其中整定值计算公式为：

保护 4 的 I 段保护：

$$
\begin{aligned}
I_{set4}^{I} &= K_{rel}^{I} \cdot \frac{E_{\varphi}}{[(Z_s + Z_{AB}) /\!/ Z_{DG}] + Z_{BC}} \\
&= K_{rel}^{I} \cdot \frac{E_{\varphi}(Z_s + Z_{AB} + Z_{DG})}{(Z_s + Z_{AB})Z_{DG} + Z_{BC}(Z_s + Z_{AB} + Z_{DG})}
\end{aligned}
\tag{4-4}
$$

保护 3 的 II 段保护：

$$I_{set3}^{II} = \frac{K_{rel}^{II} \cdot I_{set4}^{I}}{K_b} \tag{4-5}$$

其中：

$$K_b = \frac{I_{B\text{-}CM}}{I_{A\text{-}BM}} = \frac{I_{A\text{-}BM} + I_{DG}}{I_{A\text{-}BM}} = 1 + \frac{I_{DG}}{I_{A\text{-}BM}} = 1 + \frac{Z_s + Z_{AB}}{Z_{DG}}$$

将式（4-3）代入式（4-4）、式（4-5）可得到保护 4、保护 3 自适应整定值计算公式：

$$I_{set4}^{I} = K_{rel}^{I} \cdot \frac{E_{\varphi}\left(Z_s + Z_{AB} - \dfrac{\Delta \dot{U}_{DG}^{(1)}}{\Delta \dot{I}_{DG}^{(1)}}\right)}{-(Z_s + Z_{AB})\dfrac{\Delta \dot{U}_{DG}^{(1)}}{\Delta \dot{I}_{DG}^{(1)}} + Z_{BC}\left(Z_s + Z_{AB} - \dfrac{\Delta \dot{U}_{DG}^{(1)}}{\Delta \dot{I}_{DG}^{(1)}}\right)} \tag{4-6}$$

$$I_{set3}^{II} = \frac{K_{rel}^{II} \cdot I_{set4}^{I}}{K_b} = K_{rel}^{II} \cdot \frac{-\dfrac{\Delta \dot{U}_{DG}^{(1)}}{\Delta \dot{I}_{DG}^{(1)}}}{Z_s + Z_{AB} - \dfrac{\Delta \dot{U}_{DG}^{(1)}}{\Delta \dot{I}_{DG}^{(1)}}} \cdot I_{set4}^{I} \tag{4-7}$$

（2）含分布式电源配电网自适应过电流保护流程。

综合上述两小节计算，可以得出整个自适应保护的流程如图 4-13 所示。最终对保护实际测量值与保护计算整定值进行比较，确定保护是否动作。

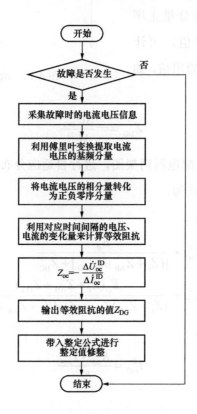

图 4-13　自适应保护方案流程图

4.2　接地故障处理技术

单相接地故障的危害主要是由故障点局部接地故障电流以及由接地电弧引发的全系统过电压引起的，具体体现在以下三个方面：①接地电弧引发的电气火灾，如电缆接地故障引发的电缆沟火灾容易导致大量电缆或开关柜烧毁，引发大面积停电事故；②弧光接地过电压导致的绝缘薄弱点击穿，形成短路故障，引发停电；③高阻接地故障难以检测，容易在故障点形成长时间的安全隐患，导致跨步电压触电或者接触电压触电。

中压配电网单相接地故障处理的主要目的是随着技术进步和社会需求而变化的。早期系统电容电流较小时，接地故障电流小，能量低，易自熄，破坏性小，曾经允许系统带接地故障运行 2 h，保障供电连续性。随着电容电流水平的增大，接地故障电弧容易引发弧光接地过电压和人身安全事故，所以接地故障处理的目标变为对瞬时性故障消弧和对永久性故障快速定位就近隔离。近年来接地故障引起的电缆沟火灾事故引起了广泛关注，对电缆系统的接地故障采用快速跳闸隔离的方式已经成为一个新的共识。更进一步，国家电网有限公司深入贯彻人民电业为人民的宗旨，充分利用配电自动化系统实现故障隔离后非故障区段的快速恢复供电，在消除安全隐患的同时最大限度地降低接地故障对供电可靠性的影响。

中压配电网单相接地故障的处理仍是一个世界性的难题。单纯从技术角度来看，主要有以下几个方面的原因：①接地故障电流幅值较小，对测量精度和灵敏度的要求较高；②在消弧线圈接地系统中，稳态零序电流特征无法利用；③高阻接地故障下故障特征更加微弱，且往往伴随着剧烈变化和谐波，影响对故障特征的捕捉和分析；④配电网现场接地故障场景复杂多样，很难有一种原理、算法或装置能适应所有的接地场景；⑤接地故障特征除了和接地场景有关外，还受系统运行特性影响，使故障特征提取和分析更加困难。

4.2.1　单相接地故障零序电压电流特征

1. 中性点经消弧线圈接地方式下单相接地故障稳态特征

中性点经消弧线圈接地系统单相接地故障电流分布如图 4-14 所示。

当系统中性点接有消弧线圈时，单相接地产生的零序电压作用到消弧线圈上，在消弧线圈上产生电感电流。而对于非故障线路，电容电流的分布与中性点不接地系统完全相同。依基尔霍夫电流定律，流过故障线路的零序电流为消弧线圈中电感电流与所有健全线路电容电流之和。对于基频分量，消弧线圈采用过补偿方式，消弧线圈中电感电流大于所有正常线路零序电容电流之和。故障线路上剩余的感性电流的流向为由线路流向母线，即由母线流向线路的容性电流，此时故障线路上的零序电流相位超前于母线零序电压。

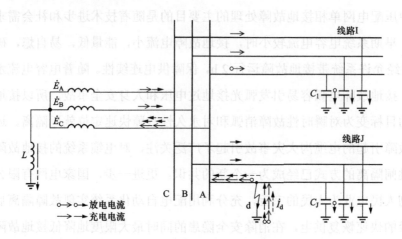

图 4-14　中性点经消弧线圈接地系统单相接地故障电流分布

由以上分析可以得出：全系统都出现零序电压，健全线上流过的零序电流仍为线路本身对地电容电流，电流流向为由母线流向线路；故障线由于消弧线圈的补偿，流过的零序电流为全系统所有健全线零序电流与流过消弧线圈电感电流之和，剩余补偿电流可看作流向由母线流向线路的电容电流，数值一般较小。

2. 中性点经消弧线圈接地方式下单相接地故障暂态特征

（1）单相接地等效电路。在中性点经消弧线圈接地系统发生单相接地故障的瞬间，流过故障点的暂态电流由故障线之外的系统对地的电容电流（即暂态电容电流）和流过消弧线圈的暂态电感电流叠加而成，零序等效回路如图 4-15 所示，暂态电容电流和暂态电感电流分别用 i_L、i_C 表示。

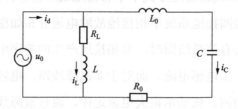

图 4-15　中性点经消弧线圈接地系统单相接地零序等效回路

C—系统三相对地电容；L_0—三相线路和电源变压器在零序回路中的等效电感；R_0—零序回路等效电阻；L—消弧线圈的电感；R_L—消弧线圈的电阻；u_0—零序等效电源电压，$u_0 = U_{\varphi m}\sin(\omega t + \varphi)$；$U_{\varphi m}$—零序等效回路相电压幅值

（2）暂态电容电流。小电流接地系统发生单相接地故障时，故障相和非故障相的电压都会突然发生变化。一般情况下，电网中由于绝缘击穿而引起的接地故障经常发生在相电压接近峰值的瞬间，此时暂态电容电流可以看成是故障相电压突然降低的放电电容电流和健全相电压突然升高的充电电容电流之和。

（3）暂态电感电流。电感电流由暂态的直流分量和稳态的交流分量组成，而暂态过程的振荡角频率与电源的角频率相同，其幅值与接地瞬间的电源电压的相角有关。

（4）流经故障点的暂态电流。对于中性点经消弧线圈接地系统，发生单相接地故障后，流过接地点的暂态电流，由网络中所有健全线对地电容电流和消弧线圈的电感电流叠加而成，主要包括稳态零序电流分量、暂态振荡分量和直流衰减分量。

3．中性点不接地方式下单相接地故障稳态特征

电力系统正常运行情况下，可以近似认为三相参数相同，各相对地电压、电流是对称的，中性点对地电压为零，只有正序分量存在。若不考虑三相对地电容的不平衡，在各相电压作用下，每相都有一超前于相电压 90°的电容电流流入大地，而三相对地电流之和为零。中性点不接地系统网络接线如图 4-16 所示，假设 A 相发生接地故障，这时三相对地电流通路的对称性遭到破坏，由于中性点悬空，单相接地后中性点电位将发生偏移，导致其他两相对地电压升高。

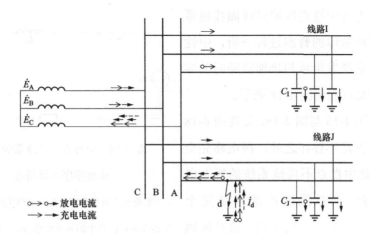

图 4-16　中性点不接地单相接地故障模型

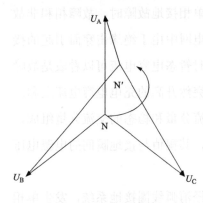

图 4-17　中性点偏移轨迹

从图 4-17 可以看出：当 A 相发生接地故障时，B 相和 C 相的电压有不同程度的升高，三相对地电压的不平衡导致三相输电线路对地出现不平衡电流，故障点不平衡电流的正序分量和负序分量经过变压器、电源形成回路。由于变压器中性点不接地，零序分量只能由故障线路经母线流入非故障线中。由于非故障线路的零序电流就是对地电容电流，电流的流向为由母线流向线路，超前于零序电压；故障线的零序电流为所有非故障线之和，但流向为由故障点沿线路流向母线，所以从母线端看过去线路上的零序电流为由母线流向线路的电感电流，滞后于零序电压。

对中性点不接地系统的单相接地故障，可以得到以下结论：

（1）全系统都出现零序电压；

（2）健全线上流过的零序电流就是线路本身对地电容电流，电流流向为由母线流向线路；

（3）故障线上的零序电流为全系统所有健全线零序电容电流之和，数值一般较大，电流流向为由线路流向母线。

4．中性点不接地方式下单相接地故障暂态特征

类比于对中性点经消弧线圈接地系统单相接地故障的暂态过程分析，中性点不接地系统发生单相接地故障时的零序等效回路可利用图 4-18 表示。

比较图 4-15 与图 4-18，发现图 4-18 中除电感支路不存在之外，两电路完全相同，因此中性点不接地系统的暂态电容电流与经消弧线圈接地系统完全相同，不存在暂态电感电流，流过接地点的暂态电流即为暂态电容电流，可由

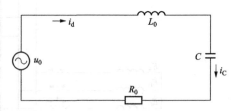

图 4-18　中性点不接地系统单相
接地零序等效回路

C—系统三相对地电容；L_0—三相线路和电源变压器在零序回路中的等效电感；R_0—零序回路等效电阻；u_0—零序等效电源电压（相电压最大值）

式（4-8）表示：

$$i_{\mathrm{d}} = i_{\mathrm{c}} = I_{Cm}\cos(\omega t + \varphi) + I_{Cm}\left(\frac{\omega_f}{\omega}\sin\varphi\sin\omega_f t - \cos\varphi\cos\omega_f t\right)\mathrm{e}^{-\frac{t}{\tau_C}} \quad (4\text{-}8)$$

综合可以得到：对经消弧线圈接地系统，当发生单相接地故障时，产生的暂态电流由暂态电容电流和暂态电感电流两部分组成，暂态电容电流的幅值远大于暂态电感电流，并且电容电流的衰减也比电感电流快得多，所以单相接地故障产生的暂态电流主要由暂态电容电流决定。而中性点不接地系统则只存在暂态电容电流，该电流的衰减情况与经消弧线圈接地系统相同。因此，接地方式对单相接地暂态故障特征影响不大。

一般地，接地电容电流的暂态分量比其稳态分量大几倍到十几倍，所以用暂态分量检测单相接地故障以及进行单相接地区域定位可以克服稳态分量值较小不易检测的缺点。

5. 结论

配电网发生单相接地故障后，系统出现零序电压，在零序电压的激励下出现零序电流，其中健全线路零序电流是线路的对地电容电流，故障线路是全系统零序电容电流之和，健全线路和故障线路的相位相反。对于消弧线圈接地系统，受消弧线圈的影响，故障线路零序电流还含有流经消弧线圈的感性电流，稳态时故障线路电流相位与健全线路相同，所以需要研究基于暂态量的选线方法。对于不接地系统，无消弧线圈的影响，所以故障全过程的零序电流都可以用来识别故障线路。

4.2.2　现场接地故障差异化处理方案

在配电网中发生的故障，70%以上是单相接地故障。出于供电可靠性的考量，配电网通常采用非有效接地方式，一般为中性点不接地与经消弧线圈接地方式，此种方式优势在于能够在单相接地故障发生后短时内继续运行，提高了供电可靠性，缺点则包括暂态过程中的过电压、故障发生后非故障相电压的抬升等，易导致故障扩大。随着配电网规模的不断扩大，其系统电容电流不断提高，不管是中性点不接地还是经消弧线圈接地，都已经不能使得电弧自行熄灭，由此出现了中性点经小电阻接地的运行方式，此种方式在单相接地故障发生后直接跳闸，有效保护了线路安全，避免事故扩大，但牺牲了部分供电可靠性。

国内配电网接地方式依然以非有效接地方式为主，为了最大程度地扬长避短，在配电网发生单相接地故障后，应尽快定位、查找故障以避免故障扩大。通常故障的寻找分为两个主要步骤：选线与定位。选线是指在站内选出故障线路；定位则是指在故障线路中找出故障点。

具体的处理策略需要根据不同地区的技术条件做差异化的选择，一般按照配电自动化覆盖区域、站内选线装置覆盖区域、无选线装置区域几类。

1. 对于配电自动化覆盖区域

故障的定位、隔离处理全面基于配电自动化进行，如图 4-19 所示。

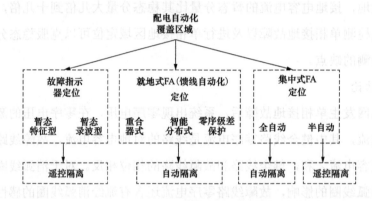

图 4-19　配电自动化覆盖区域故障隔离处理

2. 对于未安装配电自动化区域的故障保护操作

可从选线和定位两方面环节进行处理，其流程如图 4-20 所示。

如图 4-20 所示，未安装配电自动化区域的配电网发生单相接地故障时，首先应考虑站内是否配备有自动选线装置，若有选线装置且装置报出故障发生与选线结果，则首先考虑拉开装置所报线路以考察故障是否仍然存在。若故障消除，则可确认为该条线路接地故障；若故障仍未消除，则可认为故障选线装置判断失灵，改为手动试拉线方式确认，手动试拉线的顺序有如下几种逻辑。

（1）根据负荷的重要性排序。不同类型的负荷重要性不尽相同，对于某些重要负荷，一旦停电，将造成较大经济损失，为避免重要负荷停电，可将线路按照负荷的重要程度排序，首先试拉较不重要的线路，最后试拉重要线路。此种方法优点在于最大程度地保证了重要负荷的供电可靠性，且重要负荷的线路通常会得到更好的维护，因此发生故障的概率通常较小，较为符合现场实际。缺点则在于会增加其他负荷的停电时间。

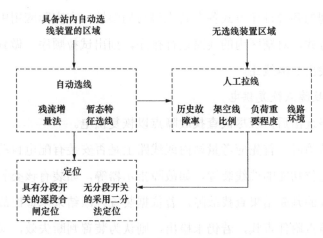

图 4-20　未安装配电自动化区域故障保护操作

（2）根据历史运行数据进行排序。根据历史运行经验，经常发生故障的线路可能存在装备老化、运行工况复杂等问题，最终表征为故障多发。由此，可按照历史上一段时间内的故障发生次数进行排序，首先试拉选定时间段内故障发生次数最多的线路。此种方式的优势在于综合各种因素的影响，直接关注表征于结果的因素，减小主观因素的影响，可操作性强，缺点则在于不能反映近期电网架构的改变。

（3）根据网架结构进行排序。在配电网中，电力电缆受到外界干扰的情况较之架空线路更少，运行环境较好，故障发生的可能性更小，因此可以考虑按照线路中架空线路的长度进行排序，首先试拉架空线长度最长的线路。此种方法笼统考虑网架本身结构，对于外界不同的影响因素未能详加考量。

（4）根据线路所处的外界环境进行排序。不同的外界环境会影响电力线路的故障发生情况，如经过交通事故多发路段的线路会比小区内的线路故障发生概率更高。因此，可以按照线路所处外界环境的复杂程度排序，首先试拉周边环境复杂的线路。此种方法着重考量网架所处的外部环境，包括自然环境、周边建筑以及交通等，但是对于线路周边情形的资料收集工作要求较高。

（5）根据近期线路周边在建工程情况进行排序。某些线路周边会有在建工程，可能对线路造成外力破坏，包括电缆线路，因此可以在排序时考量某些线路周围是否有在建工程以及该在建工程是否会对周边架空线路、电力电缆造成威胁。此种方式需要的统计工作更多，且需时常更新。

以上提到的各种排序方式各有其优势与局限性，在实际应用中，应综合考虑各种排序方式，对辖区内的线路进行排序，列出试拉顺序，做到在故障发生时能够迅速找出故障线路。

3. 查找故障点恢复供电

故障线路选出后，应尽快查找故障点以恢复供电。

在查找故障时，首先应考量站内或线路上是否安装有配电自动化设备或某些具有故障定位功能的选线装置，如故障指示器等，如装有该类装置，应首先依据该类装置的判断结果查找故障，若依据装置判断结果未检出故障，则首先应在报出故障点附件查找，若仍未检出，则认为装置判断失效，采用排除法查找故障点。排除法通常有以下两种方式：

（1）逐段法。对于线路上有分段开关的线路，可采用此法。首先将故障线路所有分段开关或环网柜均断开，然后首先合上距离母线最近的开关，若再次出现故障信号则说明在故障点发生在本级开关与下级开关之间；若故障信号未出现则说明故障并未发生在本级线路内，继续合上下级开关，依次循环往复，直到确定故障区段。确定故障区段后，可以考虑转供负荷并锁定故障区段查找故障点位置。图 4-21 为此法流程示意图。

（2）二分法。当故障线路上没有分段开关或已确定故障区段后，可以采用二分法查找故障点位置。二分法是一种数学方法，常用于特定数据点的查找，其本质是不断将区间一分为二以找出目标值。例如，在连续函数过零点的某个小区间内，从该区间的中点将该区间从中点处一分为二，若该点值的正负性与区间右极限符号一致，则可确定过零点在该点左侧，反之过零点即在该点右侧，不断进行这个操作，从而查找出该过零点。

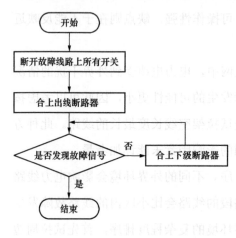

图 4-21　逐段法查找故障流程图

二分法用于故障点的查找定位时，首先选定一点，然后自该点开始，向线路上游或下游进行查找，以上游为例，若经查找后仍未找到故障点，则可判断故障点位于该点下游，在该点与下游终点处之间再次选取一点，同样向线路上游或下游进行查找，依此类推，直至查找出故障点位置。图 4-22 为此法的流程示意图。

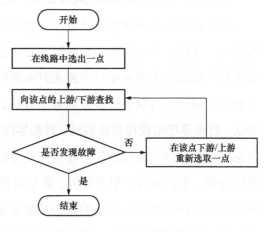

4.2.3 接地故障选线、定位技术介绍

为解决小电流接地系统配电网单相接地故障选线、定位问题，国内众多高校、企业和科研机构进行

图 4-22 二分法查找故障流程图

了大量的研究，并有相当一部分产品投入了现场应用。现对小电流接地系统的单相接地故障选线的主要技术路线进行了梳理，对现场应用中的常见问题进行了汇总。

1. 小电流接地系统单相接地故障选线的症结

（1）消弧线圈造成选线困难。小电流接地系统单相接地故障选线的困难主要是由消弧线圈导致的。故障线路的零序电流被消弧线圈补偿后，其稳态量的方向和大小与非故障线路没有明显差异，使基于稳态零序电流比较的方法失效。

（2）现场故障情况复杂，选线方法适应性较差。接地故障点故障条件复杂，存在着弧光接地、间歇性接地和高阻接地等多种可能。这些复杂情况使选线方法阈值的适应性较差，选线成功率不高。

（3）选线装置的误动和拒动。单相接地故障的诊断主要依靠测量零序电压的大小，一般单相接地故障选线装置的启动也由零序电压触发。但是在电力系统中，除了单相接地故障以外，电压互感器断线、单相断线、铁磁谐振等现象也会导致零序电压升高，发出错误的选线装置启动信号，导致其误动。配电线路会通过潮湿杆塔、水泥路面、砂石、沥青路面等形成高阻接地故障，其阻值可达数千欧姆。在这种情况下，中性点电压偏移和零序电压较小，不一定能够达到选线装置启动门槛值，导致其拒动。

2. 几种主流的单相接地故障选线、定位技术

（1）暂态零序电流特征比较法。暂态零序电流特征比较法主要是基于消弧线圈只能补偿工频量，而不影响暂态量特征这一原理。该方法通过测量并比较故障后短时间内的暂态零序电流来判断故障线路。在具体实现上，暂态零序电流特征比较法又可以进一步分为首半波法、五次谐波法、暂态零序电流幅值比较法、暂态零序电流极性比较法、暂态零序电流与零序电压导数的极性比较法、暂态零序功率方向比较法等。在暂态信号的分析上，常用的数学方法有快速傅里叶变换、小波分析、相关分析、希尔伯特-黄变换等。暂态法原理上不受消弧线圈和间歇性接地故障的影响，但是其可靠性仍受高阻故障的影响。高阻接地故障时，暂态量幅值较小，给判据选择造成困难。

为了提高暂态比较法的准确性，研究者提出了多次判断、综合评估的方法。在事故发展过程中，采集多种故障特征量，利用多种原理分别进行选线，最后将各次选线结果融合比较，确定故障度最高的线路为故障线路。这种基于多种故障信息融合的选线技术在一定程度上提高了选线的准确率。

（2）配电自动化终端（以下简称配自终端）故障录波分析法。近年来，配电自动化系统得到快速建设，配自终端已经在部分线路上进行了覆盖，部分厂家已经对配自终端（FTU、DTU、DDU 和故障指示器等）增加了故障录波功能。基于罗氏线圈或霍尔电流传感器，可以实现对暂态过程的录波，进而实现对单相接地故障的分析，实现对单相接地故障的选线和定位。另外，Q/GDW 10370—2016《配电网技术导则》提出在躲开瞬时性故障的前提下，宜按快速就近隔离故障原则处理单相接地故障，这一要求有利于基于配自终端故障录波分析的故障选线和定位方法的推广。

故障点上游的零序电流波形特征与故障点下游明显不同。基于配自终端录波功能，通过比较相邻几个终端的波形特征可直接实现故障区段定位，其效果比选线更进一步。根据故障处理过程是否需要主站参与，可以将其分为智能分布型和主站集中型。分布智能型通过相邻几个终端的录波信号间的比对实现对故障区段的就近判断。主站集中型装置一般通过挂在线路上的故障指示器来实现录波，并通过通信终端将录波数据上传至主站，由主站对多个终端的录波数

据进行分析，确定故障线路和故障区段。

（3）注入信号法。注入信号法是指通过电压互感器的二次侧向系统注入一个特定频率的信号，通过测量并比较该特征信号在故障线路与非故障线路上的幅值来确定故障线路。注入信号法的效果受故障点过渡电阻的影响较大，过渡电阻为零时，注入信号全部流过故障线路，而非故障线路为零，辨识效果较好。但是当过渡电阻较大时，线路分布电容的分流作用明显，流过故障线路的特征信号电流幅值小于非故障线路，会导致误判。为解决这一问题，研究人员对信号注入法进行了改进，一方面，通过降低注入信号的频率来减少分布电容的分流作用；另一方面，通过比较故障线路信号电流与信号源电流相位的方法来判断故障线路。但这些改进仍没有从本质上解决分布电容的分流问题。有学者提出了采用双频注入信号的方法。非故障线路阻抗呈容性，其大小随注入信号频率的改变而反比变化。而故障线路由于存在过渡电阻，其阻抗随注入信号频率的变化较小。通过改变注入信号的频率，测量并比较频率变化前后各线路阻抗变化量的大小可以判断出故障线路。

（4）零序电流增量法。零序电流增量法通过比较各条线路在消弧线圈补偿度改变前后的增量大小来实现故障选线。随着补偿度的改变，只有故障线路中的零序电流会随之改变，故调节前后零序电流增量最大的线路即为故障线路。该方法能够有效消除测量装置误差带来的影响，但是仍面临着高阻故障时无法启动和故障信号微弱等问题。

有部分厂家采用将故障相母线接地的方法来熄灭故障点电弧，并通过比较各个线路在母线接地前后的零序电流变化量来实现选线。非故障线路的零序电流始终是其本身的电容电流，而故障线路的零序电流从其他线路的零序之和变为故障线路本身的零序电流。因此，故障线路零序电流的增量最大。这种方法本质上也可属于零序电流增量法。

（5）中值电阻法。中值电阻法是指在发生永久性单相接地故障时短时投入一个与消弧线圈并联的中值电阻，在故障线路上人为制造一个短时的、幅值较大的零序有功电流，该有功分量流向故障点，使故障线路的零序电流信号明显放大，通过测量该零序有功分量即可实现选线。该方法在高阻接地时，仍面临着启动困难、故障信号弱等问题。

（6）方向行波选线法。故障点产生的暂态电压或电流行波传播到母线时会在故障线路发生反射，在非故障线路发生折射，导致故障线路与非故障线路的正向行波极性相反，利用这一原理可以实现故障选线。行波法能够适应于间歇性故障、弧光接地故障等复杂故障情况，但是其对测量装置的高频性能要求较高。另外，当配电线路较短时，故障行波波头信号容易受到末端反射信号的干扰。

3. 现场运行中遇到的常见问题

（1）二次回路的安装问题。基于零序电流相位比较法的装置在现场往往受零序 TA 极性接反的影响而发生误判。由于对 TA 极性的校验往往需要停电进行，导致大部分零序 TA 的极性无法进行校验，所以现场大量的选线装置事实上处于无法使用的状态。

（2）高阻故障时难以启动的问题。研究人员在选线装置测试工作中发现，在发生高阻接地故障时，由于中性点电压偏移量较小，达不到单相接地故障报警的启动值，常导致选线装置无法启动。

（3）装置效果缺少系统的测试。由于配电网单相接地故障现场情况复杂，简单的实验室测试并不能完整地测试产品在各类工况下的适应性，导致部分产品在出厂试验时合格，但在现场运行时的选线效果不佳。

4. 故障选线、定位技术的研究方向

（1）高阻接地故障的选线问题。据相关文献，高阻接地故障大概占全部接地故障的 5%。高阻接地故障的存在使现有的故障选线装置的可靠性无法达到100%。在高阻接地故障下，故障电流小，故障特征难以提取，检测和选线十分困难，今后需要进一步加强对高阻接地故障的技术攻关。高阻接地故障特征与低阻完全不同，因此，解决高阻接地问题有可能需要跳出传统的思维模式，而采用全新的理念和思路。

（2）基于配自终端的故障定位技术。配自终端对短路故障的判断效果较好，但对接地故障的检测功能较弱。已经有厂家开始尝试利用带录波功能的配自终端实现对单相接地故障的检测和定位。这种技术路线符合 Q/GDW 10370—2016《配电网技术导则》提出的对永久性故障宜按快速就近隔离的原则进行处理。同时，国家能源局印发的《配电网建设改造行动计划（2015—2020 年）》（国能电力〔2015〕290 号）中明确将配电自动化建设列为十大专项行动之一。在此背景下，基于带录波功能的配自终端的单相接地故障检测和定位方法前景十分广阔。

（3）相位比较原理对现场 TA 极性反接的容错性。受现场安装人员素质和专业水平的影响，选线装置 TA 极性接反的现象较为普遍，导致大量基于相位比较原理的选线装置失效。

（4）加强对瞬时性故障的监测与分析。在现场运行中，绝缘薄弱处在发生永久性接地故障前，往往有多次瞬时性接地故障出现，这些频繁出现的瞬时性接地信号对于永久性接地故障具有预测作用。对于运行维护人员而言，这些瞬时性接地信号对及时发现故障隐患、避免永久性故障具有重要意义。

（5）基于多种故障特征融合的选线方法。由于单相接地故障现场情况复杂，故障信号的干扰因素较多，导致基于单一选线原理的装置可靠性和适应性不高。市场上基于多种选线方法融合的选线装置可靠性相对较高，因此在后续研究中应重视多种方法相融合的技术路线。

（6）快速消弧、隔离技术。10 kV 架空线受雷击、大风倒树、树线矛盾等因素的影响易发生断线。断线发生后线路悬在低空、掉落在地面上或搭在树木、建筑上，易威胁过往行人的人身安全。近年来，国内已经发生多起 10 kV 断线导致的人身伤亡事故。为解决这一问题，Q/GDW 10370—2016《配电网技术导则》已经取消了配电网单相接地后带故障运行 2 h 的规定，并提出宜尽快就地隔离故障的原则，这实际上是对单相故障的处理速度提出了要求。

4.3　断线不接地故障检测技术

配电网线路发生外力破坏、雷击、异物砸线、倒杆等情况下容易发生断线故障。断线故障容易在故障点形成安全隐患，对过往行人造成威胁。根据实际运行经验，配电网断线故障分为图 4-23 所示的 4 类。

断线两侧同时接地、电源侧接地的情况与传统单相接地故障类似。本书主要介绍断线两侧不接地故障、负荷侧接地故障的特征和检测技术。

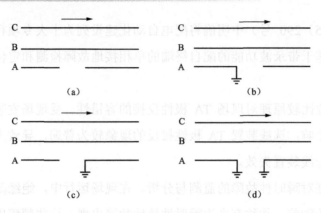

（a）　　　　　　　　　　　　　　（b）

（c）　　　　　　　　　　　　　　（d）

图 4-23　配电网断线故障的 4 种类型

（a）断线两侧不接地；（b）断线电源侧接地；（c）断线负荷侧接地；（d）断线两侧同时接地

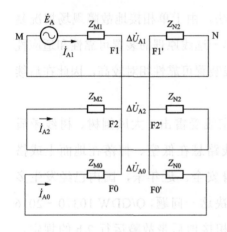

图 4-24　单相断线序网图

4.3.1　断线不接地故障特征

1. 断线两侧不接地故障特征

配电网断线后的序网图如图 4-24 所示。应用叠加定理进行计算，将复合序网看成是两种状态的叠加，一种是故障前负荷状态，见图 4-25（a），它是已知的正常运行状态，只有正序电流（即相电流 $\dot{I}_{\mathrm{AL}}$）；另一种是故障后附加状态，见图 4-25（b），且能够由故障后附加状态求出断口处的各序电流的故障分量 $\dot{I}'_{\mathrm{A1}}$、$\dot{I}'_{\mathrm{A2}}$、$\dot{I}'_{\mathrm{A0}}$。

A 相断线后，线路故障后的各序电流是故障前的负荷电流和故障后附加网络电流的叠加，即

$$\begin{cases} \dot{I}_{\mathrm{A1}} = \dot{I}_{\mathrm{AL}} + \dot{I}'_{\mathrm{A1}} \\ \dot{I}_{\mathrm{A2}} = \dot{I}'_{\mathrm{A2}} \\ \dot{I}_{\mathrm{A0}} = \dot{I}'_{\mathrm{A0}} \end{cases} \tag{4-9}$$

由于配电网的主变压器低压侧以及负荷变压器的高压侧都采用三角形接线，所以零序网络中的阻抗可以看成无穷大，根据图 4-25 的电路可以得到公式（4-10）。

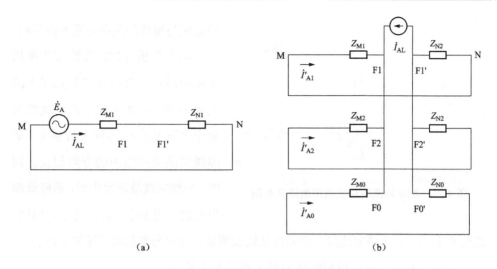

图 4-25 序网络的正常运行网络和故障分量网络

（a）正常运行网络；（b）故障分量网络

$$\begin{cases} \dot{I}_{A1} + \dot{I}_{AL} - \dfrac{1/Z_{1\Sigma}}{1/Z_{1\Sigma} + 1/Z_{2\Sigma}}\dot{I}_{AL} = \dfrac{1/Z_{2\Sigma}}{1/Z_{1\Sigma} + 1/Z_{2\Sigma}}\dot{I}_{AL} \\[3mm] \dot{I}_{A2} = \dot{I}'_{A2} = -\dfrac{1/Z_{2\Sigma}}{1/Z_{1\Sigma} + 1/Z_{2\Sigma}}\dot{I}_{AL} \\[3mm] \dot{I}_{A0} = \dot{I}'_{A0} = 0 \end{cases} \quad (4\text{-}10)$$

考虑正序阻抗和负序阻抗相等，即 $Z_{1\Sigma} = Z_{2\Sigma}$，则可以得到断线故障后正序电流变化量的大小等于负序电流，为故障前负荷电流的一半，正序电流变化量相位与故障前负荷电流相同，负序电流相反。

在配电网中，负序阻抗由系统高压侧折算到系统低压侧的值很小，并且随着电网的扩大，系统的负序阻抗将会变小。10 kV 配电网大多为辐射结构，从实际元件的参数中可以看出，系统与负荷的负序阻抗均呈现感性，其中负荷的负序阻抗值较大，是系统负序阻抗的近百倍；而线路本身的负序阻抗较负荷的负序阻抗要小得多。因此，单相断线故障产生的负序电流绝大部分是由断线故障点沿故障线路流向电源，而非故障线路中流过的负序电流很小，其方向为由母线流向线路。负序电流分布示意图如图 4-26 所示。

如果规定母线流向电源或线路的方向为正方向，那么由图 4-26 能够看出，单相断线故障后故障线路的负序电流与系统的负序电流方向相反，而非故障线路负

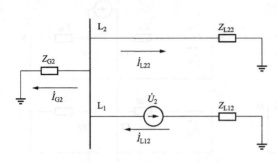

图 4-26 配电网断线后的负序电流分布图

序电流与系统的负序电流方向相同。

由上分析可知：线路发生单相断线故障后，故障线路的负序电流变化显著，数值上比非故障线路的负序电流大很多，方向上与系统非故障线路的负序电流的方向相反。同时，单相断线故障发生后，故障线路出现较大的正序电流变化量，且其值总是大于或等于负序电流量，故障特征比较明显，能够与非故障线路明显区分。

由式（4-10）可以得到断线后健全相的相电流为

$$\begin{cases} \dot{I}_B = \alpha^2 \dot{I}_{A1} + \alpha \dot{I}_{A2} + \dot{I}_{A0} = -j\dfrac{\sqrt{3}}{2}\dot{I}_{AL} \\ \dot{I}_C = \alpha \dot{I}_{A1} + \alpha^2 \dot{I}_{A2} + \dot{I}_{A0} = -j\dfrac{\sqrt{3}}{2}\dot{I}_{AL} \end{cases} \tag{4-11}$$

可以看出，断线故障后另外两健全相的相电流变为故障前负荷电流的 $\dfrac{\sqrt{3}}{2}$ 倍，且两相电流的相位相反。

设断口处的电压变化为 $\Delta\dot{U}_A$、$\Delta\dot{U}_B$、$\Delta\dot{U}_C$，可以看出单相断线后电压的边界条件为

$$\Delta\dot{U}_B = \Delta\dot{U}_C = 0 \tag{4-12}$$

则对称分量为

$$\Delta\dot{U}_{A1} = \Delta\dot{U}_{A2} = \Delta\dot{U}_{A0} = \Delta\dot{U}_A/3 \tag{4-13}$$

根据复合序网可知：

$$\dot{I}_{A2} = -\dot{I}_{A1} = -\dfrac{\dot{E}_A}{2Z_{1\Sigma}} \tag{4-14}$$

所以断口处负序电压为

$$\Delta\dot{U}_{A2} = -\dot{I}_{A2}Z_{2\Sigma} = 0.5\dot{E}_A \tag{4-15}$$

根据式（4-13）及式（4-15）可得：

$$\Delta\dot{U}_A = 3\Delta\dot{U}_{A2} = 1.5\dot{E}_A \tag{4-16}$$

在 A 相断线后，由于 N 侧 A 相对地的电容通过 N 侧主变压器产生电容电流，使得 M 侧中性点形成偏移电压。设 M 侧中性点偏移电压为 $\dot{U}_{OM}$，则 M 侧

的各相电压为

$$
\begin{cases}
\dot{U}_{AM} = \dot{E}_A + \dot{U}_{OM} \\
\dot{U}_{BM} = \dot{E}_B + \dot{U}_{OM} \\
\dot{U}_{CM} = \dot{E}_C + \dot{U}_{OM}
\end{cases}
\tag{4-17}
$$

此时 N 侧的各相电压为

$$
\begin{cases}
\dot{U}_{AN} = \dot{U}_{AM} - \Delta\dot{U}_A = \dot{E}_A + \dot{U}_{OM} - 1.5\dot{E}_A = -0.5\dot{E}_A + \dot{U}_{OM} \\
\dot{U}_{BN} = \dot{U}_{BM} - \Delta\dot{U}_B = \dot{E}_B + \dot{U}_{OM} - 0 = \dot{E}_B + \dot{U}_{OM} \\
\dot{U}_{CN} = \dot{U}_{CM} - \Delta\dot{U}_C = \dot{E}_C + \dot{U}_{OM} - 0 = \dot{E}_C + \dot{U}_{OM}
\end{cases}
\tag{4-18}
$$

N 侧零序电压为

$$
3\dot{U}_{ON} = \dot{U}_{AN} + \dot{U}_{BN} + \dot{U}_{CN} = -1.5\dot{E}_A + 3\dot{U}_{OM}
\tag{4-19}
$$

两侧零序电压的关系为

$$
3\dot{U}_{OM} - 3\dot{U}_{ON} = 1.5\dot{E}_A
\tag{4-20}
$$

如果单相断线故障点位于 M 侧出口，对 N 侧而言系统基本对称，则 N 侧的中性点偏移电压为 0；如果断线故障点位于 N 侧，此时 M 侧中性点电压偏移为 0。

单相断线故障后断线故障点两侧的电压变化特征有以下几点：

（1）电源侧故障相电压升高，最高至故障前相电压的 1.5 倍；两非故障相电压降低且相等，最低降至故障前相电压的 $\dfrac{\sqrt{3}}{2}$ 倍，电压大小与断线故障点位置有关。

（2）电源侧零序电压增大，最大为故障前相电压的 0.5 倍，电压大小与断线故障点位置有关。

（3）电源侧线电压对称，不影响对非故障线路负荷的供电。

（4）负荷侧故障相电压最高至故障前相电压的 0.5 倍，最低降至 0；非故障相电压降低且相等，最低降至故障前相电压的 0.5 倍，电压大小与断线故障点位置有关。

（5）负荷侧零序电压增大，最大至故障前相电压的 0.5 倍，电压大小与断线故障点位置有关。

（6）负荷侧线电压不再对称，影响对故障线路负荷的正常供电。

2. 断线负荷侧接地故障特征

根据复合序网分析，断线电源侧接地故障的电流特征与断线两侧不接地的电路特征一样，下面主要分析电压特征。

若线路 L1 发生 A 相断线且 N 侧接地，此时 $\dot{U}_{AN}=0$，则

$$\begin{cases} \dot{U}_{CM}=0.5\dot{E}_A \\ \dot{U}_{BN}=\dot{E}_B+\dot{U}_{OM} \\ \dot{U}_{CM}=\dot{E}_C+\dot{U}_{OM} \end{cases} \qquad (4\text{-}21)$$

M 侧电压以及 N 侧零序电压为

$$\begin{cases} \dot{U}_{AM}=\dot{E}_A+\dot{U}_{CM}=1.5\dot{E}_A \\ \dot{U}_{BM}=\dot{E}_B+\dot{U}_{CM}=\dot{E}_B+0.5\dot{E}_A \\ \dot{U}_{CM}=\dot{E}_C+\dot{U}_{CM}=\dot{E}_C+0.5\dot{E}_A \\ \dot{U}_{CN}=0 \end{cases} \qquad (4\text{-}22)$$

综上可以得到：

（1）电流特征与两端不接地系统相同。

（2）电源侧故障相电压升高为故障前相电压的 1.5 倍，非故障相电压降低至故障前 $\dfrac{\sqrt{3}}{2}$ 倍。

（3）电源侧零序电压为故障前相电压的 0.5 倍。

（4）电源侧线电压依然对称，不影响对非故障线路的供电。

（5）负荷侧三相电压均降至 0，且无零序电压。

（6）负荷侧线电压为零，将会影响对故障线路的供电。

4.3.2　配电网断线不接地故障检测技术

发生线路开断时，故障检测的重点同样在于开断线路的识别。本节基于故障特征提出三种断线识别方法，分别是基于正序电流突变量比较的断线识别方法、基于非故障相电流相关性比较的断线识别方法、基于零序电压差动值比较的断线识别方法。

1. 基于正序电流突变量比较的断线识别方法

在线路开断故障中，开断线路的正序电流突变量最大，而健全线路的正序电流突变量基本保持不变，基于此可实现断线故障的识别。

（1）装置的启动。发生单相断线及单相断线加负荷侧接地时，故障相母线电压升高，其余两相降低，同时电压增大相对应的某一出线的电流为 0，此故

障特征与其他接地故障不同，可以判断是发生了断线故障。因此，可设置以下启动判据：

$$\begin{cases} \Delta U_A > 0 \\ \Delta U_B < 0 \\ \Delta U_C < 0 \end{cases} \qquad (4\text{-}23)$$

或者

$$\begin{cases} \Delta U_A < 0 \\ \Delta U_B > 0 \\ \Delta U_C < 0 \end{cases} \qquad (4\text{-}24)$$

或者

$$\begin{cases} \Delta U_A < 0 \\ \Delta U_B < 0 \\ \Delta U_C > 0 \end{cases} \qquad (4\text{-}25)$$

其中 ΔU_A、ΔU_B、ΔU_C 为母线单相电压幅值突变量，其值大于 0 表示电压增大，其值小于 0 表示电压降低。

同时必须满足电压增大相对应的某一出线的电流幅值为 0，即

$$I_{l\varphi} = 0 \qquad (4\text{-}26)$$

其中电压幅值突变量的计算方法：首先通过 FFT（快速傅里叶变换）计算相电流的幅值，然后通过式（4-27）计算得到电压幅值突变量。

$$\Delta U_\varphi = U_\varphi - U_{\varphi 0} \qquad (4\text{-}27)$$

式中　ΔU_φ——相电压幅值的突变量；

　　　U_φ——故障后相电压的幅值；

　　　$U_{\varphi 0}$——故障前相电压的幅值。

（2）正序电流突变量幅值计算。已知三相电流，则根据式（4-28）可以得到正负零序电流。

$$\begin{bmatrix} \dot{I}_1 \\ \dot{I}_2 \\ \dot{I}_0 \end{bmatrix} = \frac{1}{3} \begin{bmatrix} 1 & \alpha & \alpha^2 \\ 1 & \alpha^2 & \alpha \\ 1 & 1 & 1 \end{bmatrix} \begin{bmatrix} \dot{I}_a \\ \dot{I}_b \\ \dot{I}_c \end{bmatrix} \qquad (4\text{-}28)$$

其中 $\alpha = -\dfrac{1}{2} + j\dfrac{\sqrt{3}}{2}$，$\alpha^2 = -\dfrac{1}{2} - j\dfrac{\sqrt{3}}{2}$。

故障后 m 个周波的正序电流减去故障前 m 周的正序电流即可得到正序电流突变量，即

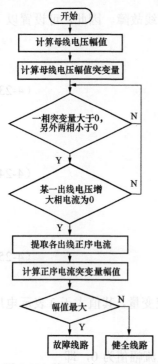

图 4-27　基于正序电流突变量
比较的断线识别步骤

$$\Delta i_1 = i_1(t_0 + mT) - i_1(t_0 - mT) \qquad （4-29）$$

式中　$i_1(t)$——正序电流；

　　　　t_0——故障时刻；

　　　　T——工频周期；

　　　　m——整数。

然后通过 FFT 就可以计算出突变量的幅值。

（3）断线识别流程图如图 4-27 所示。

（4）仿真验证。通过仿真，验证该方法在消弧线圈接地和不接地系统中的有效性。

1）启动值有效性验证。为了表明该方法在其他接地故障情况下可靠不误动，在区段 1 的末端设置单相断线两侧不接地故障、单相断线加负荷侧接地故障、单相接地故障、两相接地故障以及相间故障和三相故障，分别计算母线电压幅值突变量的大小，仿真得到图 4-28 所示的波形。

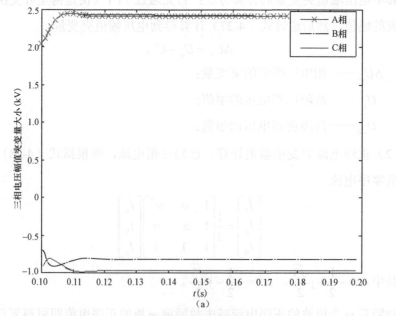

图 4-28　三相母线电压幅值突变量大小（一）

（a）单相断线两侧不接地

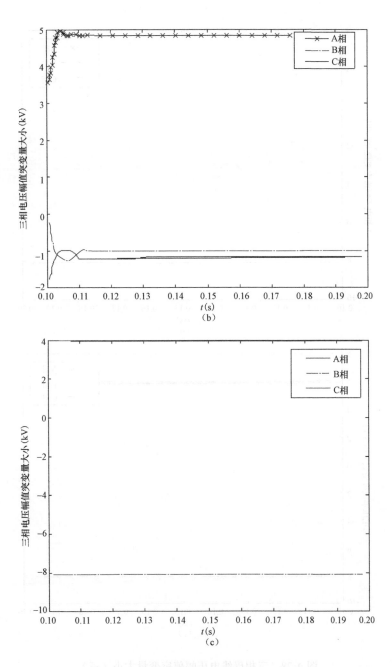

图 4-28　三相母线电压幅值突变量大小（二）

（b）单相断线加负荷侧接地；（c）单相接地

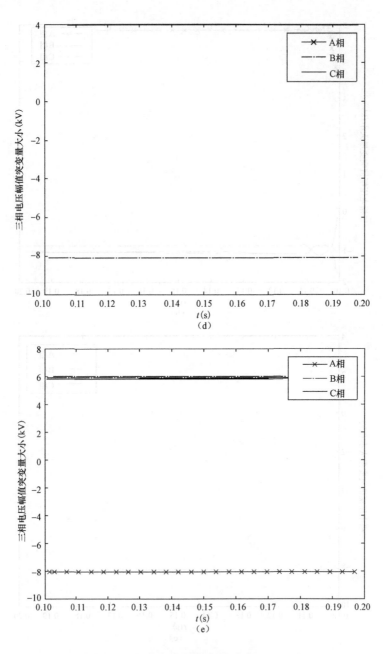

图 4-28　三相母线电压幅值突变量大小（三）

（d）两相接地故障；（e）相间接地

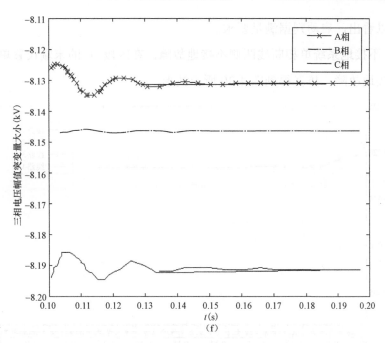

图 4-28　三相母线电压幅值突变量大小（四）

（f）三相故障

由图 4-28 可知：只有在断线故障和两相接地故障情况下，会出现一相电压增大、另外两相电压减小的情况。

综合电流判据，并结合图 4-29 中两相接地故障后的线路 1 的三相电流波形可知：任一相的电流都不为 0。从而可以将两相接地故障和断线故障区别开。

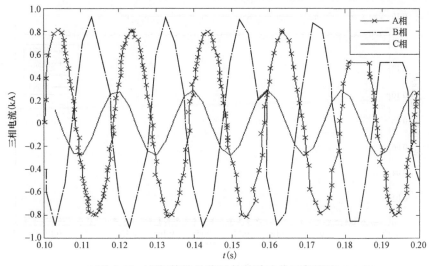

图 4-29　两相接地故障后的线路 1 的三相电流

综合可以看出，启动判据满足要求。

2）不接地系统单相断线两侧不接地故障。在区段 1 的末端设置单相断线两侧不接地故障，仿真得到图 4-30 所示波形。

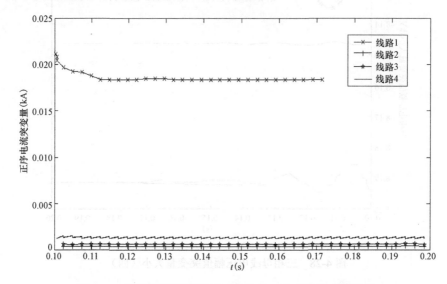

图 4-30　断线两侧不接地时 4 条出线正序电流突变量比较

从图 4-30 可以看出，线路 1 的正序电流突变量最大，所以可以确定是线路 1 发生了断线故障。

3）消弧线圈接地系统单相断线加负荷侧接地故障。在区段 4 的首端设置单相断线加负荷侧接地故障，仿真得到图 4-31 所示波形。

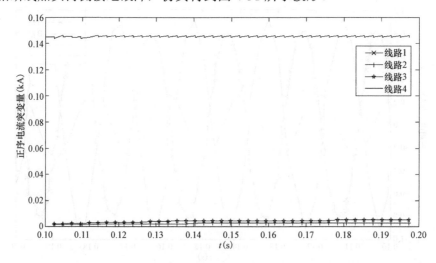

图 4-31　断线加负荷侧接地时 4 条出线正序电流突变量幅值

从图 4-31 可以看出，当发生断线加负荷侧接地故障时，线路 4 的正序电流突变量幅值最大，所以可以确定是线路 4 发生了断线故障。

综上分析可以看出，基于正序电流突变量比较的断线识别方法不受配电网中性点接地方式和断线位置的影响，能够可靠识别断线两侧不接地故障以及断线加负荷侧接地故障。

2. 基于非故障相电流相关性比较的断线识别方法

（1）基本原理。根据断线的故障特征，正常线路的负荷电流基本保持不变，但故障线路中两健全相的负荷电流反向，故障相电流变为 0，基于此可以构造断线识别的判据。

线性相关分析用来表示两变量的线性一致程度，通常用相关系数 ρ 表示。对于两个能量型变量 $x(t)$ 和 $y(t)$，在有限长的数据窗内离散化的相关系数计算可通过式（4-30）实现。

$$\rho_{xy} = \frac{\sum_{n=0}^{N-1} x(n)y(n)}{\sqrt{\sum_{n=0}^{N-1} x^2(n) \sum_{n=0}^{N-1} y^2(n)}} \quad （4-30）$$

式中　N——一个周期内的采样点数。

引用相关系数的概念，当两个频率相同的正弦量相位相差 120° 时，相关系数为 −0.5；当两个频率相同的正弦量相位相差 180° 时，相关系数为 −1。因此，通过计算两健全相负荷电流的相关系数就可以实现断线识别。图 4-32 为基于非故障线电流相关性比较的断线识别方法的流程图。

（2）仿真验证。

1）不接地系统单相断线两侧不接地故障。在区段 1 的末端设置单相断线两侧不接地故障，仿真得到图 4-34 所示波形。

从图 4-33 可以看出，线路 1 的相关系数绝对值最大，所以可以确定是线路 1 发生

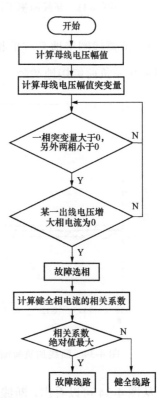

图 4-32　基于非故障线电流相关性比较的断线识别方法流程图

了断线故障。

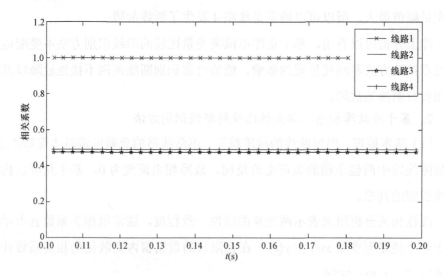

图 4-33　断线两侧不接地时 4 条出线非故障线路的相关系绝对值

2）消弧线圈接地系统单相断线加负荷侧接地故障。在区段 4 的首端设置单相断线加负荷侧接地故障，仿真得到图 4-35 所示波形。

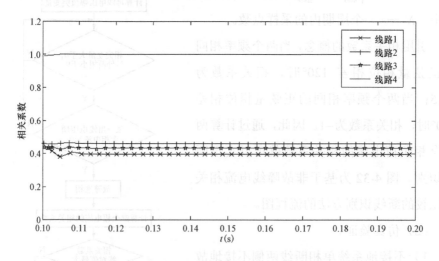

图 4-34　断线加负荷侧接地时 4 条出线非故障线路的相关系绝对值

从图 4-34 可以看出，断线加负荷侧接地故障时，线路 4 的相关系数绝对值最大，所以可以确定是线路 4 发生了断线故障。

综上分析可以看出，基于非故障相电流相关性比较的断线识别方法不受配电网中性点接地方式和断线位置的影响，能够可靠识别断线两侧不接地故障以及断线加负荷侧接地故障。

3. 基于零序电压差动值比较的断线识别方法

（1）基本原理。当存在断线故障时，故障线路首末两端的零序电压满足式（4-31）。

$$3\dot{U}_{\mathrm{OM}} - 3\dot{U}_{\mathrm{ON}} = 1.5\dot{E}_{\mathrm{A}} \qquad (4\text{-}31)$$

对于健全线路，其首端和末端的零序电压相同，所以

$$3\dot{U}_{\mathrm{OM}} - 3\dot{U}_{\mathrm{ON}} = 0 \qquad (4\text{-}32)$$

综合以上故障特征可得图 4-35 所示的基于零序电压差动的断线识别流程图。

零序电压通过式（4-33）计算得到：

$$u_0 = u_{\mathrm{A}} + u_{\mathrm{B}} + u_{\mathrm{C}} \qquad (4\text{-}33)$$

（2）仿真验证。

1）不接地系统单相断线两侧不接地故障。在区段 1 的末端设置单相断线两侧不接地故障，仿真得到图 4-36 所示的波形。

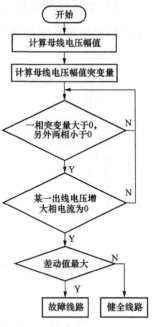

图 4-35　基于零序电压差动的断线识别流程图

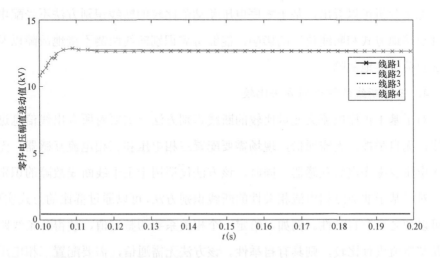

图 4-36　断线两侧不接地时母线和 4 条出线末端零序电压差动值

从图 4-36 可以看出，线路 1 的零序电压差动值最大，所以可以确定是线路

1 发生了断线故障。

2）消弧线圈接地系统单相断线加负荷侧接地故障。在区段 4 的首端设置单相断线加负荷侧接地故障，仿真得到图 4-37 所示波形。

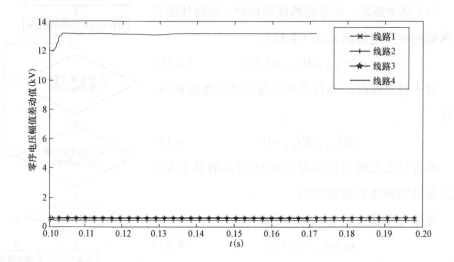

图 4-37　断线加负荷侧接地时母线和 4 条出线末端零序电压差动值

从图 4-37 可以看出，发生断线加负荷侧接地故障时，线路 4 的零序电压差动值最大，所以可以确定是线路 4 发生了断线故障。

综上分析可以看出，基于零序电压差动值比较的断线识别方法不受配电网中性点接地方式和断线位置的影响，能够可靠识别断线两侧不接地故障以及断线加负荷侧接地故障。

4. 三种断线故障识别方法比较

对于基于正序电流突变量比较的断线识别方法，需要对所有出线信息进行群比，无自举性，无需通信，现场需要配置三相电压和三相电流互感器，无需零序电压及零序电流互感器。同时，该方法仅适用于主干线断线故障的识别。

对于基于非故障相电流相关性的断线识别方法，可以通过群比的方式实现，也可以使之具有自举性。例如，给定一个相关系数的整定值，使得各条线路都与此整定值进行比较，则具有自举性。该方法无需通信，需要配置三相电压和三相电流互感器，无需零序电压及零序电流互感器。另外，该方法仅适用于主干线断线故障的识别。

对于基于零序电压差动的断线快速识别方法，需要通信，并且需要在变电站母线以及各配电网变压器高压侧配置零序电压互感器，主干线和分支线上的断线故障都可以实现快速识别。

以上三种方法从算法上来讲，仅需要一个工频周期的数据窗就可以实现判断，若滑窗多点判断则最多需要两个工频周期，所以能够快速选出断线故障。同时，三种方法对采样率的要求也不是很高，三种方法的具体比较见表 4-1。

表 4-1　　　　　　　三 种 方 法 性 能 比 较

方法	基于正序电流突变量比较	基于非故障相电流相关性比较	基于零序电压差动值比较
保护范围	主干线	主干线	主干线和分支
数据窗长	40 ms 以内	40 ms 以内	40 ms 以内
是否通信	否	否	是
现场配置条件	母线配置三相电压互感器和电流互感器	母线三相电压互感器和电流互感器	母线和所有配电变压器三相电压互感器或零序电压互感器
是否需要整定	无需整定	群比不需要，自举需要	群比不需要，自举需要
采样率要求	较低	较低	较低

第 5 章 故障停电风险防治和管控技术

故障停电风险防治和管控技术涉及设计、建设、运维和营销等多个业务系统，需发展、运检、调度、营销、配网办等多部门协同配合治理。发展部在规划层面应提前做好配电网整体规划，优化网架结构；调度把控级差保护配合以及负荷转供，缩小故障停电范围，减少停电时户数；运检部加强设备主动运维和抢修，减少故障停电隐患，缩短停电时长；营销部做好停电宣传，保证供电服务质量，减少频繁停电投诉；配网办规范建设施工，减少施工不当造成的停电次数。只有各部门协同配合，才能有效管控故障停电风险，减少停电投诉次数。

另外，对于不同急迫程度、不同影响范围的故障停电，应差异化配置风险防治和管控措施。通过对故障停电风险进行评估和预警，根据预警级别，分别采取长期措施、短期措施、重特大停电事件应急防控措施。

预警级别与对应的防控措施如表 5-1 所示。

表 5-1 预警级别与防控措施对应表

预　警　级　别	防　控　措　施
发生重复停电可能性较小	长期防控措施
发生重复停电可能性较大	短期防控措施
重、特大停电事件	应急防控措施

注：下文主要对长期和短期防控措施进行说明，应急防控措施不做详细说明。

5.1 长期防控措施

经过风险评估，对发生故障停电风险较小的区域（如最近两个月内没有发生过停电、近期天气良好、设备完好的区域），采用长期防控措施。事实上，配电网故障停电在根源上反映了配电网规划设计不合理、网架不牢固、装备规格低、运维力度不足、技术手段落后等问题。必须从设计、建设、运维等各个业务系统入手，形成合力，才能从根源上解决配电网故障停电问题。

　　针对故障场景库中的各类典型故障场景，表 5-2 从设计、建设、运维等角度提出长期防控措施。

表 5-2　　　　　　　故障停电跨业务系统的长期防治措施

场景大类	停电事件场景	各业务系统任务			
		规划设计	建设施工	运维管理	营销、宣传等
外力破坏	交通车辆撞杆	（1）合理选择供电路径，避免出现"路中杆""盲道杆"；（2）采用高强度电杆、钢杆，减少拉线使用，提高电杆强度	落实好限高、防撞、保护墩、拉线套管、标志桩、路径指示牌、安全警示牌等线缆设施及其路径的标准化建设工作	（1）对于路边易撞杆加装防撞围栏、防撞墩；（2）条件允许情况下可移杆改建	利用多载体传媒加强配电线路防外力破坏宣传工作，通过实体、网络媒介全方位介绍安全用电、反外力破坏宣传
	大型施工车辆挂导线	避免在近期有大型工程的区域规划线路走廊	落实好限高、防撞、保护墩、拉线套管、标志桩、路径指示牌、安全警示牌等线缆设施及其路径的标准化建设工作	（1）建立属地建设单位、施工车辆机具等与建设施工相关的花名册，不定期发送安全告知短信，提高外单位人员的电力设施保护意识；（2）电缆上方放置盖板、警示带等，上杆电缆补齐保护管	（1）采取宣传单、短信、微信等措施提高施工工地人员的安全意识；（2）城市综合管廊应与自来水公司、燃气公司、弱电通信公司等签订合作框架协议，相互配合，并提供管网走径
	异物挂碰线	（1）设计架空线路的路径时，应尽量避开通过如林区、竹区、覆地膜式农田、彩板房等异物较多的区域。如无法避开，应与政府相关部门协调联动，力争获得廊道清理的相关支持性文件，在无法进行廊道清理时，应采取提高杆塔高度等措施。（2）在受强风作用下易造成线路异物短路跳闸的区域，宜首先考虑采用绝缘导线。配电变压器、柱上断路器等设备与接头裸露部位应绝缘处理，提高架空线路防异物碰线能力	架空线路间及与其他物体之间的距离应严格遵循 Q/GDW 519—2010《配电网运行规程》中附录 B 的相关规定，工程验收交接时运维单位应会同设计单位现场测量、记录，相关记录应保存在工程资料档案内	（1）根据异物短路季节性、区域性特点，应适当适时缩短线路巡视周期，对线路通道、周边环境、沿线交跨、施工作业等情况进行检查，及时发现和掌握线路通道环境的动态变化情况；（2）依据风区图合理划分线路特殊区段，建立特殊区域的台账，检查导线对杆塔及拉线、导线间、导线对廊道内树竹及其他交叉跨越物等安全距离是否符合运行规程要求	（1）应开展电力设施保护宣传工作，做好线路保护及群众护线工作；（2）促成政府开辟风筝放飞区、燃放焰火专用区域等，出台孔明灯、气球、鞭炮焰火禁放条令并严格执行

场景大类	停电事件场景	各业务系统任务			
		规划设计	建设施工	运维管理	营销、宣传等
外力破坏	建设施工损伤电缆	有条件的单位，可在异物碰线易发区域采用新型电力视频预警系统，监视导线异物挂线情况	应在电缆走径处合理设置电缆运行标识，做好线路保护及群众护线工作	（1）在线路保护范围内施工的，运行单位要严格审查施工方案，并与施工单位签订保护协议书；（2）施工前应对施工方进行交底；（3）施工期间应安排运行人员到现场检查防护措施，必要时进行现场监护	（1）利用多载体传媒加强配电线路防外力破坏宣传工作；（2）通过实体、网络媒介全方位介绍安全用电、反外力破坏宣传；（3）采取宣传单、短信、微信等措施增强全员安全意识；（4）建立属地建设单位、施工车辆机具等与建设施工相关的花名册，不定期发送安全告知短信
自然因素	大风倒杆、斜杆	（1）设备运维部门参与对工程的可研、初设评审及技术审查工作时，应考虑线路防风灾能力。重点审核河岸、湖岸、山峰、开阔地以及山谷口等易产生强风的地带，以及土质松软、水田、滩涂等软塑基础新建的架空线路。（2）架空线路路径应谨慎选择山谷口、山丘等易产生强风的特殊地形，如无法避开时应考虑线路走向来减小强风对线路的影响，同时适当提高重要线路防风水平。（3）配电线路连续直线杆超过10基时，宜装设防风拉线。在易产生强风的地形下，应适当加装防风拉线	（1）应加强架空线路施工前现场检查，重点检查电杆壁厚是否均匀，有无裂痕、露筋、漏浆；（2）遇有土质松软、水田、滩涂、地下水位高等特殊地形时，应采取加装底盘、卡盘、混凝土基础等加固措施；（3）应加强线路工程杆塔部分的验收，重点检查杆塔选型和防风拉线是否与设计图一致、杆塔埋深是否符合要求、基础是否夯实	（1）对易遭受强风袭击线路，应结合季节特点及设备运行状况开展差异化巡视，灾前灾后增加巡视次数或重点特巡；（2）差异化巡视重点特巡项目：杆塔是否倾斜、位移，铁塔塔材有无缺少或变形；基础有无损坏、下沉、上拔；拉线有无损伤或松弛，拉线基础是否牢固；杆塔埋深是否符合要求；（3）易遭受强风的地区运维单位每年至少组织一次防风专项演练或拉练，并组织评估	

场景大类	停电事件场景	各业务系统任务			
		规划设计	建设施工	运维管理	营销、宣传等
自然因素	雷击绝缘线断线、雷击跳闸、雷击设备损坏	(1) 设计阶段应因地制宜开展差异化防雷设计。中压配电设备防雷保护应选用无间隙氧化锌避雷器；中压配电站室设备(含环网柜、箱式变压器、电缆分接箱设备)严禁选用配电型无间隙避雷器，应选用电站型无间隙避雷器。其中，环网柜、箱式变压器、电缆分接箱可选用分离型或外壳不带电型避雷器。 (2) 对于近三年内雷击跳闸率不低于 5 次/(百公里·年)，且所在区域空旷、地闪密度在 C1 级及以上、长度不低于 10 km 的单回或同杆双回线路，可对全线进行复合材料绝缘横担改造	(1) 户外箱式变压器、环网箱和柱上配电变压器接地装置的敷设，在回土前应验收其接地极型式以满足设计要求； (2) 与户外箱式变压器和环网箱内所有电气装置的外露导电部分连接的接地母线，应与闭合环形接地装置相连接； (3) 新投运的接地装置，应检测工频接地电阻值，并检查接地引下线与接地装置的连通情况； (4) 采用穿刺安装方式的高压电极的安装应引起特别关注	(1) 应按周期开展接地电阻测试(柱上变压器、配电室、柱上开关设备、柱上电容器设备每 2 年进行一次接地电阻测量，其他设备每 4 年进行一次；当避雷器接地电阻测试周期与被保护设备不一致时，按两者中最短的要求)，测量工作应在干燥天气进行。 (2) 每年雷雨季节后应对雷击故障进行专题分析，根据资金情况、可靠性要求等，采取堵塞式(安装防雷金具等，线路跳闸重合成功但不断线)方法进行差异化防雷治理。加装避雷器的杆塔，应先对杆塔接地进行改造，必要时采取各种降阻措施，确保接地电阻符合要求，满足泄疏能力。接地装置应设立明显标识，便于人员分辨	/
	污闪	(1) 新建和扩建配电网设备应坚持"绝缘到位，留有裕度"的原则，依据最新版污区分布图及现场环境进行外绝缘配置。 (2) 架空配电线路路径选择应尽量避开重冰区、污染严重的地区。当无法避开时，应采取必要措施。 (3) 污秽严重的覆冰地区，配电网	(1) 加强绝缘子全过程管理，全面规范绝缘子选型、招标、验收及安装等环节，确保使用伞形尺寸合理、运行经验成熟、质量稳定的绝缘子。 (2) 验收时应严格按规范逐个进行绝缘子外观检查，悬式瓷绝缘子铁帽、绝缘件、钢脚三者应在同一直线上，且结合紧密，	(1) 外绝缘配置不满足污区分布图要求及防覆冰(雪)闪络、大(暴)雨闪络要求的配电设备应予以改造，c 级及以上污区的防污闪改造应优先采用硅橡胶类防污闪产品，并充分考虑环境、气象变化因素，包括在建或计划建设的潜在污染，极端气候条件下连续无降水日的大幅度延长等；	/

场景大类	停电事件场景	各业务系统任务			
		规划设计	建设施工	运维管理	营销、宣传等
自然因素	污闪	设备应加强外绝缘配置,不宜采用等伞径绝缘子。通过增加绝缘子串长、阻碍冰凌桥接及改善融冰状况下导电水帘形成条件,防止冰闪事故。 (4) 在粉尘严重区域(水泥厂、煤矿等)宜采用自洁性能良好的绝缘子(如空气动力型等)	金属件镀锌良好,瓷釉应光滑,并应无裂纹、缺釉、斑点、烧痕、气泡或瓷釉烧坏等缺陷;复合绝缘子表面应光滑,并应无裂纹、缺损等缺陷。 (3) 绝缘子安装前应按要求开展交接试验;绝缘子安装过程中应注意轻拿轻放,保证其安装前后完好	(2) 应避免局部防污闪漏洞或防污闪死角,如多种外绝缘配置线路的薄弱区段、相同外绝缘配置线路污秽严重区段、受条件限制未采取防污闪措施的局部地区等; (3) 当快速积污、长期干旱导致绝缘子的现场污秽度达到或超过设计标准时,应采取必要的清扫措施; (4) c 级及以上污区配电线路巡检周期不超过 1 个月	/
	凝露	(1) 应根据设备所处环境、凝露产生的主要原因和危害严重程度,结合历史运行经验,对不同环境下户内外设备应采取差异化的预防措施; (2) 对户外箱式设备应采用自然通风法预防凝露,基础底座应高出地面不小于 300 mm,应设置对流通风口,并采取防止小动物进入的措施,电缆进出线孔洞须封堵	(1) 电缆通道建设时,应将所有管孔(含已敷设电缆)和电缆通道与变、配电站(室)连接处用阻水法兰等措施进行防水封堵; (2) 施工过程中应严禁破坏原有箱体的防护结构,电缆安装结束后,应及时将孔洞封堵严实,封堵后的设备不应低于原有的防护等级。对凝露较重地区应视情况增设电加热、电除湿及强排/抽风等装置,防止凝露生成	(1) 要加强户外箱式设备及其电缆井、箱体基础等土建基础设施投运前的中间检查和竣工验收,避免"带病投运"; (2) 设备运维管理单位应开展设备全寿命周期管理,完善配电设备的防凝露措施,从设备选型、辅助设施应用、日常巡视等方面加强管控,防止因凝露发生设备故障	/
	线路积雪、覆冰	(1) 配电线路设计阶段应考虑微气象、微地形因素,尽量避开微地形、微气象区域; (2) 合理规划线路通道,经过重冰区架空线路原则上采用单回路架设,且给同一重要用户供电的多回路线路不应经过同一重覆冰通道;	(1) 配电线路杆塔施工时,应保证电杆及拉盘的埋深符合设计要求,不能满足埋深要求时,必须采取加固措施;对于电杆基础土质较差的,可增设卡盘,防止因覆冰过重引起倒杆。	(1) 重冰区应加强覆冰的观测,以及气象环境资料的调研收集,掌握线路通道覆冰资料,为预防和治理线路冰害提供依据;	/

场景大类	停电事件场景	各业务系统任务			
		规划设计	建设施工	运维管理	营销、宣传等
	线路积雪、覆冰	（3）对于重覆冰区且抢修难度大的线路段，或曾经发生覆冰事故的线路段，在原设计冰厚基础上至少提高一个冰厚等级；（4）极寒天气区域内的架空线路，应对导线弧垂进行适当修正，保证在低温条件下导线不出现跑线或断线	（2）应加强工程验收，重点检查档距、杆塔和导线是否与设计及施工图一致，杆塔埋深是否符合要求，基础是否夯实	（2）对于极寒冻害区域的杆塔，宜采取基础加固、冻土迁移等措施，防止杆塔出现倾斜或上拔	/
自然因素	水淹	（1）线路设计时，尽可能避让山洪冲刷、易变更为河道的危险区域，临近河流及山洪易发区域时，应依照洪水淹没范围及冲刷情况，杆塔位置宜按历史最高洪水位以上设置；（2）洪涝区线路杆塔位置不宜设置在不良土质区，避免因洪水冲击和洪涝区浸泡而发生倾覆和倒杆；（3）位于洪涝区线路的电杆应采用脆性低、抗冲击能力强的非预应力普通电杆；（4）站房设备宜设在地上一层，当条件限制且有地下多层时，应优先考虑地下负一层，不应设在地下最底层	（1）在杆塔施工过程中，遇有土质松软、沼泽、鱼塘、水田、滩涂时，应采取加固杆塔基础的措施；（2）位于河岸侧地段的杆塔，应采用加固基础、在基础面向冲刷侧修筑挡土墙等措施，对于山洪区杆塔和基础应充分考虑冲刷及漂浮物的撞击影响，宜建设防撞墩	（1）对于易发生暴雨洪涝灾害的地区，运行维护单位应与气象部门合作，做好历史水文、地质等气象灾害分布数据收集工作，并密切关注地域降雨量、河流水位变化情况，做好洪涝灾害故障多发区运维管理工作；（2）加强洪涝冲刷区域线路巡视工作，在灾害天气来临前应组织特巡，及时了解线路运行情况，注意杆塔基础有无损坏、开裂、沉降，防洪措施有无损坏、坍塌，关注杆塔有无水淹、水冲可能，及时开展消缺和检修工作	/
	盐雾	（1）采用钢芯铜绞线替代钢芯铝绞线；（2）盐雾严重区域线路尽量埋设于地下管道中；	在对电力设备进行安装与检修时，应在电气设备与导线接触面或接口处涂抹导电膏	（1）加强配电设备红外测温、超声波局放等带电检测力度，发现缺陷及时消缺；（2）使用硅胶绝缘子或防腐蚀绝缘子；	/

141

场景大类	停电事件场景	各业务系统任务			
		规划设计	建设施工	运维管理	营销、宣传等
自然因素	盐雾	（3）低压配电线路采用塑料铜芯线		（3）铁塔等一系列铁构件，应进行热镀锌处理，提高其防腐蚀能力，为提高铁构件的使用年限，要在新设备投入使用的两到三年后进行刷漆处理	/
10kV 设备本体故障	10 kV 架空线路及其附属故障	（1）加强和完善10 kV 电网结构，适度超前建设城乡配电网，提高对负荷增长的适应性；（2）中心城市形成环网、多分段适度联络结构，加强中压线路站间联络，构建坚强的负荷转移通道，提高站间负荷转移能力；（3）城镇地区明确目标网架，合理划分变电站供电范围，供电区不交叉、不重叠，合理配置导线截面，满足负荷转供需求，解决无效联络问题；（4）乡村地区按照"小容量、多布点"思路加快主干网架建设，标准配置导线截面，合理增加线路分段数	施工过程中，加强施工队伍内部的管理，减少外力事故，达到保护电力线路的目的	（1）定期开展电力线路及附属设备的巡视工作；（2）及时准确掌握电力线路及其附属设备等运行情况；（3）及时清除线路运行的缺陷	加强电力设施的安全宣传和教育，防止攀爬电线杆、台架、跨越安全围栏、触碰断线等危险行为
	10 kV 电缆线路及其附属故障	（1）地面标志要和地下电缆保持一致，要明显，易于识别；（2）常用的标志桩要密度合理，地面高度要适当，颜色和造型要有电力特色，要便于机械施工操作人员观察，标志桩缺失时应及时补齐；（3）人行道和道路上的标识，要耐久醒目；	（1）制定针对破坏电力电缆（设施）行为的惩罚措施，对外力事故加大经济处罚力度，迫使各施工单位高度重视电力电缆的保护；（2）加强施工队伍内部的治理，减少野蛮施工，从而减少外力事故，达到保护电力电缆的目的；	按照 DL/T 1253—2013《电力电缆线路运行规程》的要求，每月开展电缆及附属设备的巡视工作，及时准确掌握电缆沟、隧道、排管等电缆通道运行情况，及时清除电缆运行的缺陷	加大社会宣传力度。根据电力供应的公益性，利用各种媒介，采取多种多样的形式，在全社会宣传电力生产的特性和电缆维护的重要性及破坏电缆的危害性，增强公众爱护电力电缆的自觉性

场景大类	停电事件场景	各业务系统任务			
		规划设计	建设施工	运维管理	营销、宣传等
10 kV设备本体故障	10 kV电缆线路及其附属故障	（4）填埋深度一致，走向平直，不能忽高忽低、左右摆布，防止交叉施工因参考标准不同误伤电缆；（5）要特别避免电缆因应力不同而造成损坏，要改变传统的防护措施，对电缆加装一层防护，如在电缆上敷设一层塑料布，并加印有电缆警示的标识等	（3）加强与市政各部门、各公司及园林绿化等部门的联系，以便及时准确地把握他们的工程施工规划及工程进度，及时对电力电缆采取可靠的保护措施，防止电缆外力事故的发生	/	/
	开关类设备故障	物资招标单位应掌握开关类设备的性能质量、生产商的供货能力及产品信息。严格执行招投标合同，货比三家，选择供货厂商。开关设备的规格、型号等性能应满足供电线路设计技术要求，从而确保开关类设备使用寿命	严格实行入库验收，竣工投运前由供电部门组织验收	定期检修，红外检测；明确操作权限，规范操作，避免人为因素操作失误；恶劣天气加强巡视，定期检修，红外检测	/
特殊易损设备	线夹故障	合理选型，使用可靠性高的线夹（采用钎焊技术增加接触面积，线夹整体采用全铝工艺）	规范施工工艺，避免人为因素操作失误	加强对设备线夹的红外测温检测	/
	跌落式熔断器故障	/	加强对动静触头及弹簧垫圈的调试	（1）明确操作权限，规范操作，避免人为因素操作失误；（2）提高电工作人员专业素质及技术水平，加强运维和消缺；（3）加强运维和消缺	/
	电缆终端和中间接头	/	（1）严格执行持证上岗制度，施工单位实施电缆接头施工质量终身负责制，各供电所做好电缆头制作人员资质把关；（2）做好电缆附件质量及施工质量验收把关工作	（1）改善电缆运行环境，线路排列整齐，施工中做好沟道的排水及拓宽工作；（2）减负荷，改变运行方式	/

场景大类	停电事件场景	各业务系统任务			
		规划设计	建设施工	运维管理	营销、宣传等
台区低压设备本体故障	配电变压器及其低压侧附属设备	应根据配电变压器台区负荷实际情况和发展需求，科学进行配电变压器选型和容量选择，避免运行过程中发生因重过载造成配电变压器烧毁的事件	（1）对配电变压器新建或运行中的接地网，应按规程规定项目和周期进行试验，确保配电变压器接地电阻不超标；（2）严禁选用铜、铝线代替熔丝。配电变压器上应用压缩型设备线夹，保证连接的各个部位的可靠性。配电变压器上铝铜接线的安装必须用铜铝过渡相连接的方式连接	（1）应在天气恶劣、重大活动、高峰负载、设备存在自身缺陷、新投入运行设备情况下对配电变压器进行特殊巡视检查，增加检查次数；（2）应及时消除配电变压器危急缺陷，确保配电变压器不长时间"带病运行"	/
	低压线路及附属故障	在三相四线制的低压配电线路中，要根据线路的负荷情况，合理地增加中性线的横截面积，增加中性线的机械强度，避免中性线断路故障	施工时合理布线，充分考虑散热问题。线路接头处需连接牢靠	（1）应在天气恶劣、重大活动、高峰负载、设备存在自身缺陷、新投入运行设备情况下对设备进行特殊巡视检查，增加检查次数；（2）重点加强对老化线路的巡视，及时发现并消除缺陷	/
	表箱及其内部设备故障	/	施工时合理布线，充分考虑散热问题。线路接头处需连接牢靠	（1）应在天气恶劣、重大活动、高峰负载、设备存在自身缺陷、新投入运行设备情况下对设备进行特殊巡视检查，增加检查次数；（2）重点加强对老化线路的巡视，及时发现并消除缺陷	/
用户内部故障	10kV用户故障导致公共线路跳闸	新增用户接入时，应要求其安装用户智能分界开关（看门狗），如协调不畅，建议在分界点电网侧加装分界开关	加强对用户智能分界开关的到货检验，严防产品带缺陷投运	督促和协助用户做好智能分界开关的维护工作。针对其"误动"和"拒动"的问题，可以分别采用提高零序电流定值和暂态零序电流法来解决	（1）对于新接入用户，做好用户设备的验收工作；（2）对新接入用户，要求加装智能分界开关，并按要求进行保护配置

场景大类	停电事件场景	各业务系统任务			
		规划设计	建设施工	运维管理	营销、宣传等
用户内部故障	低压小区或用户家中漏电导致其家用剩余电流动作保护器频繁跳闸	/	/	督促用户做好剩余电流动作保护器的定期维护、试跳工作，提高剩余电流动作保护器的可靠性；协助用户做好线路安全检查	加强用电安全宣传和指导
	低压用户未安装漏保，导致总漏保频繁跳闸	合理配置低压台区剩余电流动作保护器，形成级差配合，缩小跳闸影响范围	督促用户安装家用剩余电流动作保护器	督促用户做好剩余电流动作保护器的安装、试跳工作，提高剩余电流动作保护器的可靠性	加强用电安全宣传和指导
	低压台区灌溉水泵漏电	合力规划农田中灌溉用的低压线路径，防止农业机械碰线、树木碰线隐患	/	加强临时用电和移动性用电设备的管理，加装剩余电流保护器，并定期检查确保其动作可靠性	加强用电安全宣传和指导，严防私拉乱扯电线
线路通道隐患	树障（树线矛盾）	（1）配电线路设计阶段应考虑线路保护区范围内植物。同时应加强与树木管理单位协商，对线下的树种应选择成长后高度控制在4m以内的树种，并通过签订的合作协议加以约束；（2）合理规划线路通道，架空电力线路不宜通过林区；（3）对于采用绝缘导线仍无法满足的，必要时加耐磨防护套管	（1）应加强特殊地形、极端恶劣气象区域的气象环境资料的调研收集，加强观测，全面掌握特殊地形、特殊气候区域的资料，充分考虑特殊地形、气象条件的影响，为预防和治理线路灾害提供依据；（2）必须跨越苗圃或林区时，应考虑按树木最终生长高度采取大跨越措施，并取得跨越协议	（1）建立管辖树木修剪清册，每年动态修剪并更新树木树种、数量及高度等树木资料。（2）设立专项运维或大修项目，用于签订线下树木修剪协议、树种更换、移栽或代为修剪等措施推进线路走廊周边种植低矮或生长缓慢树种。（3）每年春季、秋季和雨雪冰冻天气前，对线路周边树（竹）障提前景象集中清理，并根据树木生长情况，全年动态开展修剪工作，优先采取带电修剪、砍伐。（4）受树线矛盾影响严重的配电线路应进行全线或分段绝缘化，并同步考虑加装防雷装置，线路设备裸露部分应加装绝缘罩，在与树木接触部分加装护套。特别严重区域改架空电缆，档距大的跨山头的部分地区无法改电缆的可进行加装绝缘套管	（1）会同政府、园林处、林业局（站）、公路局（站）、林权主（含集体）等林权责任主体，确定相关职责，建立工作机制，签订有关青赔合同，明确砍伐工作责任人。（2）对于擅自在线路下种植高杆植物的应会同政府相关执法部门强行修剪砍伐，并不给予任何赔偿。宜建立与绿化管理部门联合整治机制，明确责任，共同推进。（3）加强安全用电新闻宣传、悬挂警示标志

场景大类	停电事件场景	各业务系统任务			
		规划设计	建设施工	运维管理	营销、宣传等
线路通道隐患	鸟害（鸟巢）	规划、设计时考虑对导线绝缘化改造，将驱鸟装置加入典型设计装置中，降低鸟害对线路安全的影响	在鸟害多发区域，对架空线路耐张杆、终端杆等裸露引流线进行局部绝缘化处理，避免鸟害造成短路和接地故障	（1）根据季节特性及鸟类习性，实施周期性巡视和差异化巡视相结合的巡视方式，提高鸟害隐患发现能力。加强对重点地区、重点地段、重点设施、特殊时段巡视、检查，做到早发现、早预防、早制止、早处理；（2）建立鸟害隐患档案库，常态化开展鸟害隐患排查治理工作，确保每个隐患点专人负责，及时建立、完善、更新专档，实行一杆一档管理	/
	线房矛盾	（1）在配电线路工程设计中，应考虑结合城市规划，避免经过建设施工的地段；（2）在设计规划时，人口密集或居民集中居住区，应保证电力线路、设备与居民建筑物、构筑物的安全距离，根据实际情况采用地埋电缆或架空绝缘导线	临近电力设施的外部施工作业前，运行部门应派人前往现场进行安全交底，必要时，应安排专人现场看护	电力设施及保护区内必须悬挂相应标志牌、警示牌等，发现缺失应立即增补。地埋电缆必须有路径指示牌或电缆指示桩等标志，若电缆路径标识因道路拓宽等原因缺失，应及时增补	加强涉电建设施工管理，对于电力设施保护区内的建设项目，通过与建设部门协商，逐步建立涉电施工许可管理制度，降低外部施工误碰电力设施伤害风险
	道路、线路交叉跨越隐患	（1）对跨铁路、跨高速公路的线路应优先考虑采用电缆下穿；（2）对电力线路重要跨越地段，如铁路、公路、人口密集区、街道，采取悬垂串双挂措施	（1）施工阶段保证电路线路交叉跨越的转角杆、耐张杆、终端杆的安全距离；（2）做好杆塔拉线的防锈蚀措施，保证拉线、拉棒强度	针对与输电线路交叉跨越、跨越交通干线、临近构筑物等情况，进行局部全绝缘化处理	主动与当地电信、有线电视等部门沟通、协调，加大对弱电线路与电力线路交叉跨越的检查、巡视力度，采取分压、分段、分线的巡线护线责任制
	大跨距导线碰线场景	合理选择线路走向和路径，尽量避开大档距、大高差、临档档距相距悬殊等情况	施工过程中，施工人员应该及时观测、调整弧垂，预防碰线故障	针对导线大跨距处，应加强开展巡视工作，及时观测弧垂大小，及时调整弧垂，避免碰线事故	/

场景大类	停电事件场景	各业务系统任务			
		规划设计	建设施工	运维管理	营销、宣传等
过负荷	三相不平衡	（1）合理分配新增业扩报装用户的负荷； （2）条件具备的地区，可试点采用能够自动换相的智能配电变压器	针对三相负荷不平衡引起的三相低压偏差的问题，可在配电变压器低压侧出口处装设静止无功发生器（SVG），调节配电变压器低压侧三相不平衡度	采用 PMS2.0 配电网运维管控模块或人工测量等手段对配电变压器三相负荷不平衡情况进行监测，及时调整平衡三相负荷不平衡分布	合理引导用户用电行为习惯
	偷漏电	选用防窃电计量箱，配置计量箱门防盗锁，加封印和特殊印记，以便箱门打开时能及时发现。选用新型防撬铅封，加强铅封管理，在铅封和印模上增加防伪识别标记，标识数字，使窃电者难以仿制，提高防窃电的性能	规范电能计量装置接线，除按规范接线外，最好对二次侧连接导线，用不同的相色配线。进出线明晰了，互相不交叉，间距明显，避免接线混乱给窃电者制造机会	对馈线和配电变压器负荷情况需密切注意，对线路运行加强管理，及时发现偷漏电隐患	（1）加强与用户的沟通，加大宣传力度，严防私拉乱扯电线和偷电行为。 （2）采用全电子式电能表。相对机械式电能表来说，电子表具备正反向功能，具有较强的防窃电功能，对外接电源及移向法窃电能有效控制
	度冬、度夏负荷过重	（1）加强电源点建设和网架建设，消除供电能力不足和电网卡脖子问题； （2）通过新增配电变压器布点增强供电能力，并且合理分割负荷	电力部门要及时了解城建动态，积极主动与城建单位沟通、配合，要争取政府的支持，维护电力设施安全	采取多种手段对配电变压器负荷情况进行及时跟踪和监测，可以设置重过载预警信号，方便运维人员做好应对准备	要通过各种渠道做好宣传，让群众认识到保护电力设施是每个人的责任；对破坏电力设施、情节严惩的，要依法追究刑事责任

5.2　短期防控措施

短期防治和管控技术主要是指重复多发性停电风险较高时（如强对流天气即将来临，或者过负荷情况严重时，或者最近两个月内已经发生过停电时）应采取的短期防控措施，以避免隐患或单次停电快速发展成为重复停电，同时尽量减小停电影响。相比于长期防控措施，短期防控措施的目的是避免隐患或者单次停电快速演变成频繁停电，措施实施的周期短，见效快，主要涉及调控、运维和营销等多个业务系统，以运维为主，表 5-3 显示针对不同故障停电场景的短期防治措施库。

表 5-3   **故障停电跨业务系统的短期防治措施**

场景大类	停电事件场景	各业务系统任务		
		调控	运维	营销
外力破坏	交通车辆撞杆	发生停电后，对具备条件的非故障区域通过负荷转供等方式尽快恢复供电，缩小停电范围	（1）对于路边易撞杆，加装防撞围栏、防撞墩、电杆反光警示带，有条件的单位可以安装夜间定时闪光警示装置或者临时照明； （2）发生停电后，加大追责力度	对停电区域做好用户解释工作，明确责任，争取群众理解，做好舆论引导
	大型施工车辆挂导线	发生停电后，对具备条件的非故障区域通过负荷转供等方式尽快恢复供电，缩小停电范围	（1）在重大施工现场临时加设视频监控，确保现场状况实时在控； （2）加强对易发生此类故障的工地的看护； （3）发生事故后，保护现场并取证，加强追责力度	采取宣传单、短信、微信等措施增强施工工地全员安全意识
	异物挂碰线	（1）对异物接地故障采用可靠的选线装置进行选线，避免人工倒闸选线造成重复停电； （2）发生停电后，对具备条件的非故障区域通过负荷转供等方式尽快恢复供电，缩小停电范围	大风天气来临前，开展线路保护区及附近易被风卷起的广告条幅、树木断枝、广告牌宣传纸、塑料大棚、泡沫废料、彩钢瓦结构屋顶等易漂浮物的隐患排查，督促户主或业主进行加固或拆除	如隐患系外单位或个人引起，应向其告知电力法的有关规定，派发隐患通知单，并保留影像资料，督促其及时将隐患消除。如遇到阻拦，应及时将隐患报上级部门，向政府相关单位报备，与政府相关部门联动消除隐患，在隐患消除前，应加强现场监护
	建设施工损伤电缆	发生停电后，对具备条件的非故障区域通过负荷转供等方式尽快恢复供电，缩小停电范围	对未经同意在线路保护范围内进行的施工行为，运行单位应立即进行劝阻、制止，及时对施工现场进行拍照记录，发送整改通知书，必要时应向有关部门报告。可能危及线路安全时，应进行现场监护	当线路遭到外力破坏时，应保护现场，留取原始资料，及时向有关管理部门汇报，对于造成电力设施损坏或事故的，应按有关规定索赔或提请公安、司法机关依法处理
自然因素	大风倒杆、斜杆	发生停电后，对具备条件的非故障区域通过负荷转供等方式尽快恢复供电，缩小停电范围	（1）对易遭受强风袭击线路，应在大风季节来临前开展差异化巡视，灾前灾后增加巡视次数或重点特巡； （2）线路遭受强风袭击后，应组织特殊巡视，开展隐患排查，重点排查可能导致人身伤亡、设备损坏的隐患	大风季节来临前，应加强防风防灾宣传和安全提醒；加强舆论引导，加大对抢修工作的宣传

场景大类	停电事件场景	各业务系统任务		
		调控	运维	营销
自然因素	雷击绝缘线断线、雷击跳闸、雷击设备损坏	发生停电后,对具备条件的非故障区域通过负荷转供等方式尽快恢复供电,缩小停电范围	每年雨季来临前加强各种防雷设备的外观检查,红外热成像测试,接地引下线连接情况检查;定期开展接地电阻测量和治理	雷雨季节来临前,加强安全宣传;发生停电后,做好用户解释工作;加强舆论引导,加大对抢修工作的宣传
	污闪	加强对瞬时性接地故障的记录和分析,做好单相接地故障隐患的预警工作。发生停电后,对具备条件的非故障区域通过负荷转供等方式尽快恢复供电,缩小停电范围	遇到雾、霾、雨、雪等可能发生污闪故障的恶劣天气时,加强 c 级及以上污区配电设备特巡,夜间巡视时应注意瓷件无异常爬电现象	发生停电后,做好用户解释工作,争取用户理解
	凝露	发生停电后,对具备条件的非故障区域通过负荷转供等方式尽快恢复供电,缩小停电范围	发现凝露隐患时,及时采取通风、烘干、封堵等措施进行处理。对可能受凝露影响的元器件和带电体进行遮挡,避免引发跳闸	发生停电后,做好用户解释工作,争取用户理解
	线路积雪、覆冰	发生停电后,对具备条件的非故障区域通过负荷转供等方式尽快恢复供电,缩小停电范围	覆冰季节来临前,对重冰区开展线路特巡,落实除冰、融冰准备措施,对存在的隐患、缺陷及时处理	加强舆论引导,加大对抢修工作的宣传力度
	水淹	发生停电后,对具备条件的非故障区域通过负荷转供等方式尽快恢复供电,缩小停电范围	汛季来临前,应备足必要的防洪抢险器材、物资,并对其进行检查、检验和试验,确保物资的良好状态,确保有足够的防汛资金保障,并建立保管、更新、使用等专项使用制度	加强舆论引导,加大对抢修工作的宣传力度
	盐雾	发生停电后,对具备条件的非故障区域通过负荷转供等方式尽快恢复供电,缩小停电范围	加强配电设备红外测温、超声波局放等带电检测力度,发现缺陷及时消缺;使用硅胶绝缘子或防腐蚀绝缘子;铁塔等一系列铁构件,应进行热镀锌处理,提高其防腐蚀能力,为提高铁构件的使用年限,要在新设备投入使用后的两到三年后进行刷漆处理	加强舆论引导,加大对抢修工作的宣传力度

场景大类	停电事件场景	各业务系统任务		
		调控	运维	营销
10kV 设备故障	10kV 架空线路及其附属故障	（1）做好配电网保护的级差配置，尽量缩小故障影响范围； （2）发生停电后，对具备条件的非故障区域通过负荷转供等方式尽快恢复供电，缩小停电范围	（1）在度冬、度夏易发生过负荷的季节，对树障来不及清理、老旧线路设备来不及更换的区域，应该针对故障频发线路，分区域、定专人逐一排查，采用红外测温、加装绝缘护套等方法排除故障隐患； （2）尽量采用不停电作业	做好安全宣传，避免出现断线伤人事件
	10kV 电缆线路及其附属故障	（1）做好配电网保护的级差配置，尽量缩小故障影响范围； （2）发生停电后，对具备条件的非故障区域通过负荷转供等方式尽快恢复供电，缩小停电范围	在负荷高峰期，应加大对老旧电缆和通道巡视力度和频度，及时开展电缆通道清淤除杂工作	对市政工程采取重点盯防和宣传警示的措施，做好外力破坏预控工作
	开关类设备故障	（1）做好配电网保护的级差配置，尽量缩小故障影响范围； （2）发生停电后，对具备条件的非故障区域通过负荷转供等方式尽快恢复供电，缩小停电范围	（1）在负荷高峰期，或者恶劣天气来临时，加强对老旧开关健康状况的监视和检查； （2）尽量采用不停电作业； （3）具备条件的采用绝缘防护处理	发生停电后，做好用户解释工作，争取用户理解
特殊易损设备	线夹故障	及时监测和分割负荷，避免长期过负荷运行。发生停电后，对具备条件的非故障区域通过负荷转供等方式尽快恢复供电，缩小停电范围	（1）负荷高峰期加强对设备线夹的红外测温检测； （2）尽量采用不停电作业	发生停电后，做好用户解释工作，争取用户理解
	隔离开关故障	及时监测和分割负荷，避免长期过负荷运行。发生停电后，对具备条件的非故障区域通过负荷转供等方式尽快恢复供电，缩小停电范围	（1）在负荷高峰期来临前，对老旧开关进行红外检测； （2）尽量采用不停电作业	发生停电后，做好用户解释工作，争取用户理解
	跌落式熔断器故障	及时监测和分割负荷，避免长期过负荷运行。发生停电后，对具备条件的非故障区域通过负荷转供等方式恢复供电，缩小停电范围	尽量采用不停电作业	发生停电后，做好用户解释工作，争取用户理解
	电缆终端和中间接头	及时监测和分割负荷，避免长期过负荷运行	（1）减负荷，改变运行方式； （2）尽量采用不停电作业	发生停电后，做好用户解释工作，争取用户理解

场景大类	停电事件场景	各业务系统任务		
		调控	运维	营销
台区低压设备本体故障	配电变压器及其低压侧附属设备	及时监测和分割负荷，避免长期过负荷运行。发生停电后，对具备条件的非故障区域通过负荷转供等方式恢复供电，缩小停电范围	（1）应在天气恶劣、重大活动、高峰负载、设备存在自身缺陷、新投入运行设备情况下对配电变压器进行特殊巡视检查，增加检查次数；（2）做好配电变压器熔丝配置和维护，防止配电变压器故障越级	发生停电后，做好用户解释工作，争取用户理解
	低压线路及附属故障	做好保护的级差配置，避免事故越级跳闸	应在天气恶劣、重大活动、高峰负载、设备存在自身缺陷、新投入运行设备情况下对设备进行特殊巡视检查，增加检查次数	（1）加强用电安全宣传和指导，严防从表箱私拉乱扯电线的现象；（2）加强低压线路通道安全重要性的宣传教育，对存在威胁线路安全的树木、人为构筑物下达整改通知
	表箱及其内部设备故障	/	（1）应在天气恶劣、重大活动、高峰负载、设备存在自身缺陷、新投入运行设备情况下对设备进行特殊巡视检查，增加检查次数；（2）重点加强对老化线路的巡视，及时发现并消除缺陷	（1）加强用电安全宣传和指导，严防从表箱私拉乱扯电线的现象；（2）发现表箱故障隐患及时处理
用户内部故障	10 kV 用户故障导致公共线路跳闸	发生停电后，对具备条件的非故障区域通过负荷转供等方式恢复供电，缩小停电范围	严把用户内部故障恢复送电审核关，对故障频发、严重影响配电网线路正常运行的用户进线处，应安装带有接地和短路故障自动隔离功能的用户分界开关	开展重要电力客户供电安全和质量评估，对有重大安全隐患的客户下达整改通知书
	低压小区或用户家中漏电导致其家用剩余电流动作保护器频繁跳闸	/	发生故障后，协助用户做好线路安全检查	加强用电安全宣传和指导
	低压用户未安装漏保，导致总漏保频繁跳闸	/	发生此类停电后，应协助用户做好剩余电流动作保护器的安装、试跳工作，提高剩余电流动作保护器的可靠性	加强用电安全宣传和指导

场景大类	停电事件场景	各业务系统任务		
		调控	运维	营销
用户内部故障	低压台区灌溉水泵漏电	/	灌溉季来临前，加强临时用电和移动性用电设备的排查，加装剩余电流动作保护器	加强用电安全宣传和指导
线路通道隐患	树障（树线矛盾）	发生停电后，对具备条件的非故障区域通过负荷转供等方式恢复供电，缩小停电范围	对于个别无法进行树木修剪的线路区段，采取临时加装导线耐磨防护管或绝缘化改造等防护措施	加强安全用电宣传、悬挂警示标志，对树木所有者下达整改通知
	鸟害（鸟巢）	发生停电后，对具备条件的非故障区域通过负荷转供等方式恢复供电，缩小停电范围	（1）在鸟害季节来临前，结合停电检修或采用带电作业方式及时补充和更换防鸟装置；（2）鸟害高发期，采用动态巡查，发现鸟巢立即处理，同时应注意清除鸟巢附近绝缘子或者裸露带电部分上的鸟粪	发生停电后，做好用户解释工作，争取用户理解
	线房矛盾	发生停电后，对具备条件的非故障区域通过负荷转供等方式恢复供电，缩小停电范围	一旦发现未经供电公司批准且存在危及电力设施或触电危险的施工，应通过电力管理部门要求其立即停止施工	加强安全用电宣传、下达整改通知
	道路、线路交叉跨越隐患	发生停电后，对具备条件的非故障区域通过负荷转供等方式恢复供电，缩小停电范围	加强红外测温，检查线路固定情况，防止电线断裂、脱落。发现隐患，可临时采用增高、加固、悬挂限高标识等措施	（1）对可能影响电力线路安全运行的用户产权设备的排查，对排查中存在的安全隐患，及时加以整治，确保排查整治见实效；（2）发生停电后，做好用户沟通和解释，争取用户理解
	大跨距导线碰线场景	（1）对故障频发区域，加强配电网保护的配置和校验，尽量缩小停电范围；（2）发生停电后，对具备条件的非故障区域通过负荷转供等方式恢复供电，缩小停电范围	在风季到来前，加强对同杆架设线路或者大跨距架设线路的风偏校核和弧垂校核，根据需要及时调整弧垂	发生停电后，做好用户沟通和解释，争取用户谅解
过负荷	三相不平衡		监测并及时调整三相负荷	新增用户接入时应考虑三相平衡问题
	偷漏电	加强负荷异动情况的监测，及时发现不正常的负荷变化	（1）对馈线和配电变压器负荷情况需密切注意，对线路运行加强管理，及时发现偷漏电隐患；（2）发生偷漏电导致的停电后，应及时排查	加强与用户的沟通，加大宣传力度，严防私拉乱扯电线和偷电行为；对已发生的偷电行为，做好证据采集，依靠法律武器，严厉打击偷电行为

场景大类	停电事件场景	各 业 务 系 统 任 务		
		调　控	运　维	营　销
过负荷	度冬、度夏负荷过重	（1）及时监测和合理分割负荷，避免某线路长期过负荷运行； （2）对故障频发区域，加强配电网保护的分级配置，尽量缩小停电范围； （3）发生停电后，对具备条件的非故障区域通过负荷转供等方式恢复供电，缩小停电范围	（1）在负荷高峰期来临前，加强对配电网老旧设备、重过载线路、重过载设备、配电变压器的巡视和维护； （2）发生停电后，立即组织抢修，尽量采用不停电作业方式	（1）发生停电后，做好用户沟通和解释，争取用户谅解； （2）引导用户用电行为，减轻高峰期电网压力

第6章 典型案例分析

6.1 恶劣天气引起的故障停电案例

6.1.1 大风、覆冰导致的断杆案例

1. 基本情况

2019 年 1 月 30 日，雨雪大风天气，某市公司某 10 kV 线路支线 5 号转角杆发生断杆，断杆位置为杆身中间部位，如图 6-1 所示，该电杆为预应力电杆，运行年限超 30 年，杆身已出现多处环形裂纹，内部钢筋锈蚀严重。

图 6-1 转角杆断杆现场图

2. 故障原因

一是导线覆冰加大了电杆承受的不平衡荷载，超过了预应力电杆的设计标准；二是运维单位对电杆的运行维护不及时，杆身出现多处环形裂纹，已属危急缺陷，却未进行及时处理，导致电杆折断。

3. 解决措施

（1）加大对老旧电杆的巡视消缺力度，重点检查电杆壁厚是否均匀，有无

裂痕、露筋、漏浆情况，必要时，采用钢筋锈蚀仪、混凝土回弹仪测试钢筋锈蚀程度及混凝土强度。

（2）建立在运钢筋混凝土杆缺陷库，按照相应缺陷等级建立台账。基于电杆缺陷库，并结合所处区域气候、地质情况，制定计划，逐步更换配电网中在运的预应力电杆为 M 级以上的电杆。优先更换存在危急、严重缺陷的预应力电杆为普通电杆。

（3）对于处在易发生强风、重覆冰地区的预应力电杆，短期内若无法全部更换，可适当缩短耐张段长度，将两侧耐张杆更换为电杆（杆型应选择 M 级及以上），耐张段内连续 3～5 基直线杆采用 1 基电杆，适当时可增设防风拉线。

6.1.2 雨水冲刷导致的倒杆案例

1. 基本情况

2014 年 11 月 23 日，某地区遭受暴雨、大风等恶劣天气影响，某台区发生倒断杆事件，如图 6-2 所示。该台区为 2014 年农网第一批配电网工程投资建设台区，杆型为非预应力电杆。根据事故后现场查看及运维人员阐述，倒断杆处未出现树木倾倒，相邻电杆未发生倾倒，导线未发生断线，该处电杆基础外翻，故而判断为电杆自身因基础不牢导致整体倾倒。

图 6-2 台区电杆倾倒现场图

2. 故障原因

一是当地土质松软，在雨水冲刷作用下基础更加不牢；二是施工质量不合格，台区电杆未按设计要求安装底盘、卡盘等根基加固措施。

3. 解决措施

（1）在设计环节，据土质情况、杆型，按照典型设计，推荐埋深核算极限倾覆力及极限倾覆力矩，对不满足要求的电杆设计底盘、卡盘装置。当电杆埋深不能满足设计要求，或遇有土质松软、水田、滩涂、地下水位高等特殊地形时，应采取加装底盘、卡盘、混凝土基础等加固措施。

（2）在工程建设时，应严格执行设计要求，保证底盘、卡盘装置安装的规范性以及拉线装设的规范性，卡盘埋深距离地面不少于 50 cm；卡盘安装应紧贴杆身；直线杆应沿线路方向安装，终端、耐张、转角杆应安装于受力侧。

（3）严把施工质量关，充分发挥监理作用，做好过程管控，对施工过程中涉及的底盘卡盘安装、拉线安装等环节开展监督，确保"隐蔽工程"施工到位，保证施工质量不存在缺陷。

6.1.3 雷击导致的线路断线案例

1. 基本情况

2019 年 4～5 月，豫北某县公司某新建绝缘线路某分支 2 号钢管杆分别发生雷击绝缘导线、断线事故两次，该处未安装防雷装置，且周边为空旷农田，钢管杆高度均高于周围电杆及树木。该事故钢管杆如图 6-3 所示。

2. 故障原因

一是该处钢管杆地处空旷地带，且高度均高于周围电杆及树木，加之自身材质原因，当附近有雷云经过时，易引起雷云对自身放电；二是此处缺乏防雷装置，导致雷击断线。

3. 解决措施

（1）设计环节采取差异化防雷设计，对处于空旷地带或突出的山顶、山的向阳坡等易雷击段的杆塔，应装设带间隙氧化锌避雷器。

图 6-3 事故钢管杆现场图

（2）施工环节应确保避雷器可靠接地，防雷接地电阻不小于 10 Ω。

6.1.4　雷击导致的配电变压器烧损案例

1. 基本情况

2019 年 4 月，豫南某县遭受强对流天气，出现雷电过程，该县公司某台区配电变压器遭受雷击并发生烧损，如图 6-4 所示。但该台区处避雷器等其他设备正常，该台区防雷装置低压侧与配电变压器外壳、低压侧中性点分别经不同引下线接地。

图 6-4　雷击配电变压器现场图

2. 故障原因

一是施工不规范，由于此处防雷装置接地线未与配电变压器外壳、低压侧中性点的接地引下线连接后经共同的扁铁接地（见图 6-5），导致雷击时施加在配电变压器外壳的电压除避雷器残压外，还累加了接地线及接地扁铁处承受的电压；二是日常运维不到位，接地电阻超标（达 27 Ω），造成雷击时施加在配电变压器两端的电压过大，导致配电变压器烧损。

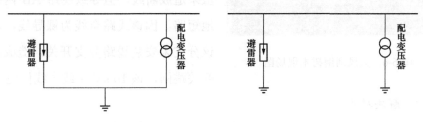

图 6-5　防雷装置接地线连接示意图

3．解决措施

（1）在施工环节，防雷装置接地线应与配电变压器外壳、低压侧中性点的接地引下线连接后经共同的扁铁接地。

（2）在运维环节，应按周期开展接地电阻测试（柱上变压器、配电室、柱上开关设备、柱上电容器设备每 2 年进行一次，其他设备每 4 年进行一次；当避雷器接地电阻测试周期与被保护设备不一致时，按两者中最短的要求），测量工作应在干燥天气进行。

6.1.5 大风刮倒树木导致的树障案例

1．基本情况

2018 年 5 月 15 日，豫东某县公司某 10 kV 线路发生两相接地短路故障，开关跳闸，重合不成功。此次停电共造成配电变压器 21 个台区、居民用户 2308 户无电，供电所抢修人员迅速组织抢修，出动车辆 4 台次、人员 19 人次，于当日 10 点 55 分恢复线路正常运行，停电时长 65 min。

图 6-6　大风刮倒树木现场图

该线路投运于 2013 年 4 月 2 日，总长度 28.73 km，绝缘化率 5.6%，导线型号为 LGJ-50 裸导线，分段线路 8 条。该线路有 2 台柱上断路器，位于主干线 29 号杆及 57 号杆，但不具备保护功能。

2．故障原因

大风导致位于线路安全通道外一棵较高大的杨树倒在 17 号杆 T 接的 10 kV 分支线 2 号-3 号杆线上，如图 6-6 所示，虽未造成断线，但导致线路 AB 两相接地短路。因该线路全线为裸导线，而且该分支未安装线路分支开关，造成出口开关跳闸，该 10 kV 某线全线停电。

3．解决措施

（1）在线路规划设计环节，应尽量避开林区。当确需经过林区时，应结合林区道路和林区具体条件选择线路路径,线路通道的宽度应以导线两边线为准,向外侧各水平延伸 5 m,在树木高度超过 5 m 的特殊地区建议适当拓宽通道宽度或采取高强度电杆。

（2）运维环节加强对线路通道安全距离之外的超高大树木的关注,加强线路巡视,继续保持电力通道内的树障清理工作,并且对安全通道范围以外因歪倒而危及电力线路正常运行的较高大、易歪折的树木建立台账,定期进行巡视和治理。树障清理不便时,对树障严重区域裸导线开展绝缘化改造,降低安全隐患。

6.2 外力破坏引起的故障停电案例

6.2.1 异物破坏架空线路导致的导线断线案例

1. 基本情况

2016 年 1 月 23 日夜间,大风天气,温度为−11～3 ℃,某主干线路发生导线断线事故,全线供电负荷为某道路沿线的电力客户。根据运维人员现场勘探得知,故障点处线路为裸导线,断线是由建筑物彩钢瓦跌落造成的,现场如图 6-7 和图 6-8 所示。

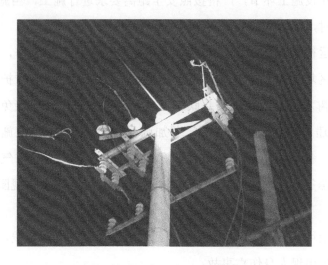

图 6-7　故障线路 2 号杆下相线断线

图 6-8　故障线路 2 号杆周围跌落物，有电灼烧痕迹

2.　故障原因

一是彩钢瓦本身安装不牢固；二是当晚天气恶劣，大风将彩钢瓦吹落，砸中线路 2 号杆下相线，引起三线断线，导致线路跳闸。

3.　防范措施及建议

（1）在规划设计环节，架空线路应与周围建筑物保持安全距离。当特殊地形导致安全距离无法满足时，应加装防护装置，并检查周围建筑物有无破坏监控线路的危险，及时沟通建筑所有人进行治理。

（2）在建设施工环节，严格按照安全距离要求进行施工，当施工区域内出现违章建筑时，应会同相关市政部门进行处理。

（3）在运行维护环节，一方面，要定期开展线路巡视工作，及时发现问题，对特殊区域的重点地段增加巡视次数，一旦发现在线路防护区域内存在违章建筑、树木，要及时汇报并联系处理；另一方面，尽量避免在线路防护区域内搭建违章建筑和种植树木，并加强《电力法》《电力设施保护条例》的宣传力度，提高对电力设施的保护意识和自觉性；同时，与气象部门保持密切联系，恶劣天气时应及时组织人员进行线路特巡，提前发现隐患，避免事故发生。

（4）安全环节。对于仍存在的裸导线要尽快改造为绝缘导线，防止类似事故发生，避免出现人身伤亡事故。

6.2.2　电缆周围施工导致的挖断电缆案例

1. 基本情况

2015 年 6 月某日下午,天气晴,温度 35 ℃,某公用线路发生电缆外力破坏故障,线路全长 800 m,负荷类型为居民负荷。根据运维人员现场勘查可知,故障发生在某电杆旁边,属于野蛮施工导致的电缆外力破坏故障,现场图如图 6-9 所示。

图 6-9　电缆外力破坏现场图

2. 故障原因

施工方野蛮施工,挖断电缆,导致电缆外力破坏,引发停电。

3. 防范措施及建议

电缆外力破坏是电缆故障的最主要原因之一,市政施工、建筑建设等工程的施工区域是发生电缆外力破坏的主要区域。

(1)在规划设计环节,电缆通道应避开某些频繁施工的区域,电缆通道上应设计好规范的电缆标识。

(2)在运行维护环节,应给运维人员配备电缆路径仪或定位仪,加快电缆故障的定性,辅助查找故障位置,缩短停电时间。运维班组应对管辖范围内的施工工地进行重点巡视,及时告知,必要时下达告知书等,确保施工单位明确电缆路径。电保部门应对野蛮施工或屡次挖断同一条电缆的施工单位加强追责。

6.2.3 车撞导致的设备损坏案例

1. 基本情况

2019 年 6 月 3 号下午，天气晴，某主干线路发生电杆断裂情况，故障线路全长 24.1 km，包含变压器共 12 台。根据运维人员现场勘查得知，该线路下一电杆受车辆撞击后根部发生断杆，但未出现停电，现场图如图 6-10 所示。

2. 故障原因

车辆行驶不规范，导致电杆根部被撞断。

3. 防范措施及建议

在城市 10 kV 配电网中，架空线路及杆塔等设备都是处在外部环境中，具有杆塔点多、面广、线长、裸露的特点，同时电力设备大部分处于人口密集地区，很容易遭受外力破坏而发生事故。

图 6-10 电杆被车辆撞断现场图

随着我国社会现代化进程的加快，城市建设规模快速扩大，但电力通道往往难以及时跟进，电力设备受外力破坏的风险进一步增大，在某些地方甚至会出现电杆等设备位于路中间的情况。

对于此类故障有以下建议：

（1）在规划设计环节，位于人行道、绿化带、道路旁边的电杆和拉线等电力设施，在规划时应留出一定距离；设计时，应考虑警示标示或反光漆；对于现有能改造的具有外力破坏高风险的设施，应及时规划改造，对影响交通的电杆尽快移设，防止被车撞断；对暂时无法移设的电杆，应加设防撞车挡，确保电杆安全。

（2）在运行维护环节，对于原本位于人行道、绿化带、道路外的电杆和拉线等电力设备，在道路扩宽后，若位于道路中间，应及时加装明显的警示标志；在临近交叉路口及繁华街道等的电杆上，应喷涂反光漆，在拉线上挂反光标志。部分群众对电力设施保护意识不强，安全法制意识淡薄，不明白事故造成的直接、间接经济损失是不可估量的，少数驾驶员存在违法驾驶现象，致使车辆在行驶过程中碰撞到杆塔，引起线路故障停电，因此强化安全意识的宣传十分必要。

6.2.4　鸟害导致的故障停电案例

1. 基本情况

2015 年 7 月 7 上午，天气晴，某主干线路发生故障停电，故障线路长 6.6 km，供电负荷为某道路沿线电力客户。根据运维人员现场勘查得知，故障区域鸟害频繁，故障设备上清晰可见被电死的鸟，现场图如图 6-11 和图 6-12 所示。

图 6-11　故障线路某开关搭落死鸟现场图

图 6-12　故障线路某开关上引线烧断现场图

2. 故障原因

飞鸟引起故障线路某开关裸露部分上引线电源侧两相短路，导致两相上引线烧断。

3. 防范措施及建议

鸟类引起线路故障的情况主要有两种：一是鸟类本身造成的线路短路故障；二是鸟类筑巢和黏稠粪便引起的线路故障。针对鸟害引起的故障停电，应该从鸟类的活动规律进行预防。鸟类具有季节性和地域性的特点，防范措施如下：

（1）在规划设计环节，对于位于鸟害严重区域的线路，规划设计时需要考虑合适的驱鸟器和其他防鸟害设备，合理使用各类驱鸟设备，如防鸟针、电子防鸟器、风车式防鸟器、声音驱鸟器、超声波驱鸟器、多刺防鸟器等；对于鸟类污秽严重的区域，应合理安装防污罩，在线路绝缘子串的第一片绝缘子上加装硅胶防污罩可以有效防止鸟类污秽污闪事故。

（2）在运行维护环节，各乡镇供电所详细排查线路易发生鸟害地区，根据运维检修布防鸟害治理具体措施，建立长效机制，制定配电线路鸟害排查表，结合春季安全大检查工作开展鸟巢专项清理活动，加强鸟害隐患排查和特巡力度。对于无法清除的鸟巢及污秽绝缘子，由各乡镇供电所上报相关线路隐患，结合线路停电检修工作，对鸟巢进行清除。对鸟粪堆积严重的绝缘子，应及时进行清扫或更换，以保证绝缘良好。合理设置保护定值，当鸟害引起的线路故障发生后，保护装置及时动作，防止故障范围扩大。

6.3 设备问题引起的故障停电案例

6.3.1 电缆终端头质量导致电缆分接箱烧毁案例

1. 基本情况

2014 年 8 月 15 日，豫西某市公司某 10 kV 电缆线路Ⅱ段保护动作跳闸，经查线发现 6 号、7 号分接箱有着火现象，遂对其使用干粉灭火器进行灭火。

2. 故障原因

通过对故障设备外观检查，以及电缆终端头解体检查，发现电缆终端头制作工艺及安装存在多个问题：

（1）电缆终端头内部受潮，导致绝缘性能降低，泄漏电流增大。一般造成绝缘受潮的原因有以下几种：①终端头安装工艺不良，造成密封失效，导致潮气侵入；②电缆制造不良，电缆外护层有孔或裂纹；③电缆护套被异物刺穿或被化学腐蚀、电解腐蚀，致使保护层失效。从解剖分析可见，此设备受潮现象是由安装工艺不良造成。

（2）机械损伤。安装时，电缆主绝缘层受机械外力破损，导致绝缘性能降低，运行后出现电解腐蚀，长时间运行会出现绝缘击穿，最终导致相间短路或接地故障。

（3）施工不规范。电缆终端头存在应力，应力会造成电场分布不平衡。电缆接线端子压接螺母没有按照规定达到拧紧力矩，导致接触部位的接触电阻增大，两者叠加引起电缆终端头发热。

（4）附件选取不当。接线端子孔径与套管螺柱不匹配，不匹配导致接线端子接触面积减小，载流量减小，接触电阻增大，从而导致电缆终端在运行中发热。

3. 解决措施

（1）加强对电缆头制作人员的技能培训，提高运行人员技术水平。

（2）加强新设备投运验收管理，完善验收细则，抽检电缆终端接线端子是否紧固，要求电缆终端头必须固定。

（3）签订电缆分接箱、环网柜技术协议时，要求电缆室具备带电进行红外测温功能。

（4）加强对运行设备的巡查维护，采用带电检测技术，及早发现隐患。

6.3.2 线夹锈蚀导致的故障停电案例

1. 基本情况

2018年3月15日，豫东某县公司某10 kV线路部分用户反映停电，经查为12号杆01号开关C相线夹烧断，导致线路后段部分用户停电。该线路为2014年8月农网工程。

2. 故障原因

该线路投运仅4年时间，但12号杆01号开关C相线夹锈蚀严重，设备质量存在缺陷，加之事故当天风力较强，线路舞动引起开关跳线受力，且线夹锈蚀未更换，从而引起受力断裂。

3．解决措施

（1）物资检测环节，加大线夹设备抽检力度，杜绝劣质设备投运对线路造成安全隐患。

（2）运维环节，按照 Q/GDW 1519—2014《配电网运维规程》要求，定期开展巡视，在迎峰度夏、迎峰度冬等负荷变化较大时期，加大巡视力度；加大对绝缘子、避雷器、线夹类设备的带电检测力度，综合利用红外测温仪、超声波局放等仪器，及时发现设备缺陷。

6.3.3　铜铝过渡线夹断裂导致的故障停电案例

1．基本情况

2018 年 11 月～2019 年 1 月，豫中某县公司多条 10 kV 线路出现铜铝过渡线夹断裂导致的故障停电，故障多发生在负荷变化较为明显时刻，经查系同一公司同一批次产品。

2．故障原因

冬季降温幅度较大，取暖负荷增加，铜铝设备线夹接触位置产生电化学反应，在潮湿的夜间铝材会迅速老化腐蚀，增大接触电阻，造成 C 相铜铝过渡设备线夹从中间断裂。

3．解决措施

（1）物资采购环节，停止铜铝过渡线夹采购。

（2）物资检测环节，加大线夹设备抽检力度，杜绝劣质设备投运对线路造成安全隐患。

（3）运维环节，按照 Q/GDW 1519—2014《配电网运维规程》要求，定期开展巡视，恶劣天气高发阶段应加大巡视力度；加大对绝缘子、避雷器、线夹类设备的带电检测力度，综合利用红外测温仪、超声波局放等仪器，及时发现设备缺陷。

6.3.4　成套抱箍断裂导致的杆塔倾斜案例

1．基本情况

2014 年，豫西某县公司当年农网改造工程发生多起因抱箍断裂引起的杆塔倾斜事故,现场图如图 6-13 所示。其中,10 kV 某支线改造工程因线路倾斜与附近 0.4 kV 线路搭接,引起多起居民电器烧毁事件。

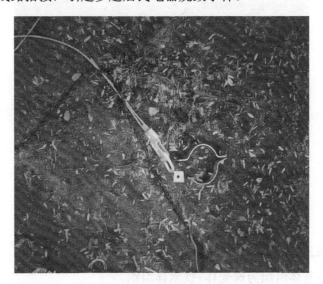

图 6-13 抱箍断裂现场图

2. 故障原因

通过相关检验机构对样品进行断口分析,断口存在以下特征:

(1)断口未发生明显的塑性变形,脆性断裂特征明显。

(2)裂纹从抱箍外侧表面萌生,向内表面扩展。

(3)裂纹源处有明显的大片非金属夹杂物存在,如图 6-14 和图 6-15 所示。

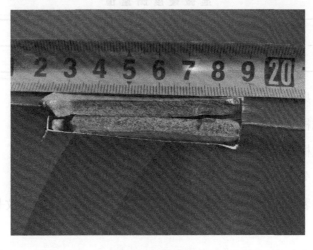

图 6-14 断口图片

图 6-15　裂纹源（箭头所示为裂纹区域夹杂物）

通过开展金相分析，得出以下结论：

（1）样品基体组织为珠光体+铁素体组织。

（2）局部组织中存在明显的纤维变形，方向与断口平行。

（3）样品检测区域存在大量微观裂纹，裂纹方向与宏观裂纹方向平行。

（4）取样位置内部未见非金属夹杂物存在。

通过开展硬度分析，对金相测试面进行显微硬度检测，测试位置和数据如表 6-1 所示。

表 6-1　　　　　　　　　显 微 硬 度 测 量 值

位置	1	2	3	4	5
硬度值（HB）	153	163	211	210	208

从测试结果得到以下结论：

（1）测试样品裂纹源附近存在明显的硬化区域。

（2）测试样品非硬化区域硬度值高于国家标准。

综合以上分析，可以得出以下结论：

（1）材料表面局部存在宏观夹杂物和内部存在大量微观裂纹是抱箍断裂的主要原因。

（2）工件在加工过程中的局部硬化和现场安装过程中螺栓施加的压力对裂

纹的产生、扩展起了促进作用。

3. 解决措施

（1）在物资检测环节，加强金属检测仪器配置，加大对抱箍类设备的到货抽检力度，对于存在明显缺陷的厂家批次，及时要求其开展整改，杜绝"带病"设备投运。

（2）在运维环节，按照 Q/GDW 1519—2014《配电网运维规程》要求，定期开展巡视，发现异常及时处理。

6.4　工程施工不规范引起的故障停电案例

配电网施工不当、工艺不过关等工程施工不规范现象易引发故障停电，本节从架空线路绝缘子绑扎不规范、防雷装置接地不规范两个典型案例分析工程施工不规范导致的故障停电现象及处理措施。

6.4.1　架空线路绝缘子绑扎不规范导致的故障停电案例

1. 基本情况

2019 年 5 月 15 日，阴天伴随大风天气，10 kV 某线速断跳闸，重合闸成功，配电运维人员立即对该线进行故障巡视，故障现象为 10 kV 该线 44 号杆 A、B 相绝缘子扎丝断股导致导线落至横担上。因故障位置为绝缘导线，未造成线路持续故障停电，但随时有线路接地及断线危险，决定采用不停电作业方式进行消缺，带电作业班工作人员勘查现场并办理带电工作票流程后，在得到调控中心许可后，立即对 10 kV 该线 44 号杆 A、B 相绝缘子扎丝进行修复。工作结束后，带电作业班向调控中心履行终结手续，10 kV 该线抢修工作结束。图 6-16 为事故现场照片。

2. 故障原因

架空线路绝缘子绑扎不规范，造成绝缘子扎线松，导线从绝缘子脱落，造成线路接地或短路跳闸。

3. 解决措施

（1）施工方面，施工单位应严格执行线路绝缘子绑扎施工工艺，缠绕绑线采用不小于 2.5 mm² 的单股塑铜线，裸导线采用同样材质的单股线。绑扎工艺符合"前三后四双十字"的缠绕标准，绑扎方法如图 6-17 所示。

图 6-16　事故现场照片

图 6-17　建议绑扎方法示意图

（2）严把线路验收关，线路管理班组介入线路施工阶段，必要时采取登杆抽查，出现不符合施工工艺的情况，及时告知项目管理单位，下发整改通知书，严格把控三级验收关，严格执行验收标准，绝不允许线路"带病"运行。

6.4.2　防雷装置接地不规范导致的故障停电案例

1. 基本情况

2019 年 3 月 20 日 3 时 47 分，接配电网调度班通知，10 kV 某线速断跳闸，配电运维班组立即组织人员对该线进行巡视，经巡视发现该线某供销社专用变压器东边相避雷器击穿，造成该线速断跳闸。隔离故障点后，该线于 2019 年 3 月 20 日 8 时 30 分试送成功。

2. 故障原因

避雷器接地不规范，直接接在横担上，没有经接地引下线通过扁铁接地。

3. 解决措施

（1）在施工阶段，新投运的避雷器接地装置，应检测接地电阻值，并检查接地引下线与接地装置的连通情况，对于不规范接地的避雷器进行整改。

（2）在运维阶段，对于在运的避雷器，加强红外带电检测，发现缺陷及时消缺，同时定期开展接地电阻测试，测试应在干燥天气进行，不符合接地电阻标准及时整改。

（3）运维班组人员应按照 Q/GDW 643—2011《配电网设备状态检修试验规程》开展定期巡检，发现防雷装置接地不规范的设备及时列入缺陷整改计划进行治理。

6.5 断路器、保护设置不到位引起的故障越级停电案例

6.5.1 线路缺少保护功能的分支、分段开关引起的全线故障停电案例

1. 基本情况

2018 年 3 月 15 日，某地区遭受五级大风天气，某 10 kV 线路站内保护 I 段动作跳闸，重合不成功。经运维人员巡线发现，有断落树枝搭在该线路主干线 35 号杆至 36 号杆之间的 BC 相线上，造成相间短路故障发生。故障现场如图 6-18 所示。

2. 故障原因

（1）线路缺少分段开关的有效保护，主干线路全长 17.6 km，仅装设两组不带短路跳闸功能的开关，当线路中发生故障时，分段开关不能有效地隔离故障，进而引起全线停电。

（2）该线路周围树障清理不当，在大风等恶劣天气下易造成树枝搭挂线路，引起短路故障。

图 6-18 树枝搭挂裸导线故障现场图

（3）线路全线为裸导线，绝缘化水平低，易受到异物干扰引发停电。

3. 解决措施

（1）在设计环节，应充分考虑线路长度与负荷分布情况，适当装设具备保护功能的分支、分段开关，在故障时能做到有效的故障隔离，避免全线停电，并根据线路走廊的通道情况，适当提高线路的绝缘化水平。

（2）在工程建设时，应根据站内的出线保护定值及动作时限，合理设定分支、分段开关的保护定值，避免开关越级跳闸。

（3）在运维阶段，应加强线路巡视，通过清理树障、加装绝缘护套等手段及时清理有可能引发故障的隐患点。

6.5.2 开关装设位置及保护配置不合理案例

1. 基本情况

2018 年 4 月 17 日，某地区遭受雷雨大风天气，某 10 kV 线路全线停电，站内保护开关动作。经运维人员巡线发现，故障为大风将树枝吹挂到主干线（架空裸导线）04 号杆至 05 号杆的导线上，故障现场如图 6-19 所示。故障消除后，站内开关合上后，线路不带电，经检查发现，装设在变电站出口的第一级分段开关也在故障时跳闸。开关合闸后，线路正常送电。

2. 故障原因

（1）线路第一级分段开关装设在变电站出口，其保护范围与变电站站内保护的范围重合，当线路发生故障时，第一级分段开关与站内保护同时跳闸。

（2）该线路周围树障清理不当，在大风等恶劣天气下易造成树枝搭挂线路，引起短路故障。

（3）线路全线为裸导线，绝缘化水平低，易受到异物干扰引发停电。

3. 解决措施

（1）在设计环节，应根据线路的长度与负荷分布情况，合理装设具备保护功能的分支、分段开关，避免开关保护范围的重合，在故障时应做到有效的故障隔离，避免全线停电，并根据线路走廊的通道情况，适当提高线路的绝缘化水平。

图 6-19 树枝搭挂裸导线故障现场图

（2）在工程建设时，应根据站内的出线保护定值及动作时限，合理设定分支、分段开关的保护定值，做到保护范围的分级配置，避免开关越级联动。

（3）在运维阶段，应加强线路巡视，通过清理树障、加装绝缘护套等手段及时清理有可能引发故障的隐患点。

6.5.3 开关保护配置调整不及时导致的频繁跳闸案例

1. 基本情况

2016 年 7 月 19 日～24 日，某地 10 kV 线路 2 号分段开关集中出现 4 次跳闸情况，前 3 次跳闸时运维人员巡视未发现明显异常，后试送电成功。第 4 次跳闸时，运维人员对 2 号开关开展排查，经分析，该线路在 2016 年 6 月的线路改造工程中，接带其他线路的部分负荷，但本线路开关原有保护定值未调整，开关原定值偏小。在进入度夏期间后，线路接带负荷激增，造成号 2 号开关频繁跳闸。对定值重新调整后，线路恢复正常运行，未再出现频繁动作的现象。

2. 故障原因

（1）线路开关的保护定值未根据线路的实际运行方式进行及时调整，致使线路负荷及运行方式变化后，开关保护定值与原定值不相适应，造成开关频繁误动。

（2）运维人员对试送正常、但未明显发现的故障未加重视，导致线路多次停电。

3. 解决措施

（1）在设计环节，可根据线路的负荷特点及供电可靠性水平，适当考虑配电自动化设备的安装，实现对负荷的监测和对开关定值的远程调控。

（2）在工程建设时，线路负荷转带工程完成后，相关负责人应及时向调度（配调）人员报告线路负荷的变化情况，便于及时调整设备定值。

（3）在运维阶段，应加强线路巡视和故障的分析能力，及时排查线路隐患。

6.5.4 用户未安装看门狗导致停电案例

1. 基本情况

2019 年 6 月 1 日～5 日，某地 10 kV 线路出现 2 号分段开关集中出现 3 次频繁跳闸的情况，运维人员巡视未发现明显异常，且跳闸后试送电成功。第 4 次跳闸后，分段试送，发现 43 号杆 T 接路灯变电站分支电缆存在间歇性相间短路，天气晴朗时，相间绝缘合格；遇到阴雨天气或负荷过重时，电缆相间绝缘击穿，导致保护频繁动作，且巡线时未发现明显异常。

2. 故障原因

（1）该线路存在用户设备监管不到位的问题，该路灯变电站分支电缆属客户运维管理设备，接带 1 台 400 kVA 箱式变压器，与供电公司产权分界设备为高压隔离开关，不具备故障自动隔离功能。

（2）运维人员对试送正常、但未明显发现的故障未加重视，导致线路多次停电。

3. 解决措施

（1）在用户报装阶段，应严格按照"放管服"要求，对新接入的用户加装具备跳闸功能的用户智能分界开关；对故障隐患较大的老用户，应下达整改通知单，督促其加装用户智能分界开关，避免停电范围扩大。

（2）在运维阶段，应加强线路巡视和故障的分析能力，及时排查线路隐患。

6.6 运维管理不到位引起的故障停电案例

配电网设备大多处于露天状态下，运行环境较为恶劣，带电检测、定期清理树障等主动运维手段将有效降低缺陷发展为故障的概率。本小节具体从树障未及时修剪、安全标识牌缺失导致外力破坏以及未及时危急缺陷未及时消除三个典型案例分析运维管理不到位造成故障停电的现象及处理措施。

6.6.1 树障未及时修剪导致的故障停电案例

1. 基本情况

2018 年 3 月 15 日 12 时，某 35 kV 变电站某 10 kV 线路发生 BC 相间短路故障，开关跳闸，重合未成功。12 时 30 分，某供电所巡视人员发现主干线 35 号杆树枝搭在 BC 相线上，致使相线短路，造成短路故障。工作人员立即制定应急事故处理方案，组织人员清理树枝，12 时 50 分恢复送电。经过现场调查，大风期间大树倒歪，树枝掉落在线路开关 B 相与 C 相的相线上，致使相线短路跳闸，事故现场如图 6-20 所示。

2. 故障原因

该供电所对该 10 kV 线路通道内巡视发现树障未及时上报清理，大风期间树木倒歪，树枝被刮落在线路 B 相与 C 相上，造成线路短路故障。

3. 解决措施

（1）落实线路管理人责任，定期巡视重点区域设备及通道内构成隐患的房屋、树木，加强树线矛盾线路的巡检及协调沟通工作。

（2）恶劣天气来临前，联合防汛防台办、林业局等机构参与重点线路树竹隐患处理，发现树障隐患及时消缺。

（3）受树线矛盾影响严重的配电线路应进行全线或分段绝缘化，并同步考虑加装防雷装置，线路设备裸露部分加装绝缘罩，在与树木接触部分加装护套。

（4）会同政府、园林处等林权责任主体，确定相关职责，建立工作机制，签订有关青赔合同，明确砍伐工作责任人。对于擅自在线路下种植的高杆植物，会同政府相关执法部门强行修剪砍伐，并不给予任何赔偿。

图 6-20　树障未及时清理现场图

6.6.2　安全标识缺失导致外力破坏引发的故障停电案例

1. 基本情况

2019 年 6 月 3 号 21 时 10 分，接某供电所人员通知，某支线 08 号杆根部被车辆撞断，于 19 时办理抢修单，于 21 时 10 分停电更换杆塔，于 23 时 50 分恢复供电，事故现场如图 6-21 所示。

图 6-21　外力破坏现场图

2. 故障原因

（1）由于道路扩宽，原本位于人行道、绿化带或道路外的电杆、拉线，变为位于道路中间，未加装明显的安全警示标志。

（2）部分群众对电力设施保护意识不强，安全法制意识淡薄，少数驾驶员存在违法驾驶现象，碰撞杆塔引起线路故障停电。

3. 解决措施

（1）在临近交叉路口及繁华街道等电杆上，喷涂反光漆，在拉线上挂反光标志。对影响交通的电杆尽快移设，防止被车撞断。对暂时无法移设的电杆，应加设防撞墩，确保电杆安全。

（2）加强巡视的同时，依靠各级政府和有关部门，加大《电力设施保护条例》的宣传力度。

（3）加强对驾驶人员教育力度，做到礼貌行车，杜绝无证或酒后驾车等违法驾驶现象，避免碰触电力设施，减少撞杆事故。

6.6.3 危急缺陷未及时消除导致的故障停电案例

缺陷分类为一般缺陷、重大（严重）缺陷和紧急（危急）缺陷。危急缺陷严重威胁设备的安全运行，若不及时处理，随时可能导致事故的发生，必须尽快消除或采取必要的安全技术措施进行处理。危急缺陷消除时间不应超过 24 h。

1. 基本情况

2018 年 3 月 15 日 17 时 25 分，某 10 kV 线路 1 号开关跳闸，重合闸不成功。17 时 48 分，城区配抢中心故障巡视人员发现，该 10 kV 线路 05 号杆的杆塔断裂，引起线路故障跳闸。经过现场调查，该 10 kV 线路投运时间较长，风化锈蚀严重，05 号杆杆头线路设备过多，大风天气杆头受力过大，导致断裂，事故现场如图 6-22 所示。

图 6-22 事故现场照片

2. 故障原因

（1）该 10 kV 线路投运时间过长，设备老化严重，存在断线、倒杆等事故隐患。

（2）城区配抢中心在定期巡视时巡视不到位，未能及时发现存在安全隐患的设备。

3. 解决措施

（1）严格按照 Q/GDW 643—2011《配网设备状态检修试验规程》开展设备定期巡检，在有外力破坏可能、恶劣气象条件（如大风、暴雨、覆冰、高温等）、有重要保电任务、设备带缺陷运行或其他特殊情况下，由运行单位组织对设备进行巡视。

（2）对于运行超过 20 年的电杆或者埋深不够、倾斜位移、存在裂纹的电杆，应尽快列入改造计划进行整改和更换，杆塔偏离线路中心不应大于 0.1 m，电杆倾斜不应大于 15/1000，转角杆不应向内角倾斜，终端杆不应向导线侧倾斜，向拉线侧倾斜应小于 0.2 m，电杆不宜有纵向裂纹，横向裂纹不宜超过 1/3 周长，且裂纹宽度不宜大于 0.5 mm。

参 考 文 献

[1] 中国电力百科全书编委会. 中国电力百科全书 [M]. 3 版. 北京：中国电力出版社，2014.

[2] 李天友，金文龙，徐丙垠. 配电技术 [M]. 北京：中国电力出版社，2008.

[3] 徐丙垠，李天友，薛永瑞. 配电网继电保护与自动化 [M]. 北京：中国电力出版社，2017.

[4] 刘健，等. 简单配电网 [M]. 北京：中国电力出版社，2017.

[5] 国家电网有限公司. 用户供电可靠性管理工作手册（第二版）[M]. 北京：中国电力出版社，2009.

[6] 李颂华. 10 kV 配电线路故障原因分析及防范措施 [J]. 中小企业管理与科技，2013（23）.

[7] 段绪金，齐飞，叶会生，等. 配网防雷现状与治理措施研究 [J]. 电气应用，2015（S1）：17-20.

[8] 李景禄，刘春生. 配电网频发故障的原因分析及整改措施 [J]. 高电压技术，1995，21（1）：37-39.

[9] 王辉强. 架空 10 kV 配电线路故障原因分析及防范措施 [J]. 中国高新技术企业，2010（22）.

[10] 张昕. 浅谈自然灾害对输电线路的影响及防范 [J]. 中国高新技术企业 ，2013（4）.

[11] 钟瑛. 浅谈配电线路雷击跳闸与防治 [J]. 四川电力技术，2014（1）.

[12] 朱晓深，杨成钢，李景禄，等. 配电网故障及其控制措施研究 [J]. 长沙理工大学学报自然科学版，2004.

[13] 张保会，尹项根. 电力系统继电保护 [M]. 北京：中国电力出版社，2009.

[14] 周宁，雷响，荆骁睿，贺翔，焦在滨. 一种含高渗透率分布式电源配电网自适应过电流保护方案 [J]. 电力系统保护与控制，2016，44（22）：24-31.

[15] 张晨浩，宋国兵，董新洲. 一种应对高阻故障的单端自适应行波保护方法 [J]. 中国电机工程学报，2020，40（11）：3548-3557.

[16] 李正红，安振华，李捷，徐舒，孔飞，金震. 含分布式电源与储能配电网的自适应电流保护策略 [J]. 电子测量技术，2020，43（5）：71-75.

[17] 张秋凤. 小电流接地故障全信息量选线及自适应保护技术 [D]. 中国石油大学（华东），2013.

[18] 黄华瑞. 电子式消弧线圈对小电流接地故障暂态选线的影响 [D]. 山东理工大学，2011.

[19] 彭元庆，程洪锦. 基于改进信号注入法的配电网电容电流测量方法 [J]. 湖南电力，2020，40（1）：51-54.

[20] 黄坛坛. 基于注入原理的小电流接地故障选线技术研究 [D]. 济南大学，2019.

[21] 张海浪. 基于信号注入法的中压配电网电容电流测量 [D]. 西安科技大学，2019.

[22] 康奇豹，丛伟，盛亚如，王玥婷. 配电线路单相断线故障保护方法 [J]. 电力系统保护与控制，2019，47（8）：127-136.

[23] 付余民，姜涛，姜禹谦，张蕾蕾. 消弧线圈接地系统断线故障电压异常分析 [J]. 山东电力技术，2019，46（3）：37-40.

[24] 卢正飞. 小电阻接地配电网断线保护的应用研究 [J]. 技术与市场，2019，26（1）：101-102.

[25] XIAO Fei, MCCALLEY J D. Power system risk assessment and control in a multiobjective framework [J]. IEEE Transactions on Power Systems，2009，24（1）：78-85.

[26] LI Gengfeng, ZHANG Peng, PETER B, et al. Risk analysis for distribution systems in the northeast US under windstorm [J]. IEEE Transactions on Power Systems，2014，29（2）：889-898.

[27] 唐磊，徐兵，黄国日，等. 电力配电系统的可靠性评估 [J]. 电力系统及其自动化学报，2016，28（1）：32-38.

[28] 袁修广，黄纯. 计及故障停电经济损失的配电网风险评估 [J]. 电力系统及其自动化学报，2016，28（8）：7-12.

[29] 赵书强，李聪. 快速配网风险评估 [J]. 电力系统保护与控制，2010，38（10）：58-61.

[30] 陈大宇，肖峻，王成山，等. 基于模糊层次分析法的城市电网规划决策综合评判 [J]. 电力系统及其自动化学报，2003，15（4）：83-88.

[31] 周志宇，周静，江东林，等. 基于模糊推理的配电网停电原因分析系统 [J]. 电力系统自动化，2013，37（14）：123-129.

［32］段绪金，齐飞，叶会生，等．配网防雷现状与治理措施研究［J］．电气应用，2015
（S1）：17-20．

［33］李景禄，刘春生．配电网频发故障的原因分析及整改措施［J］．高电压技术，1995，
21（1）：37-39．

［34］张文俊．配电网故障停电风险评估指标体系及评估方法研究［D］．保定：华北电力大
学，2014．

［35］葛少云，朱振环，刘洪，等．配电网故障风险综合评估方法［J］．电力系统及其自动
化学报，2014，26（7）．

［36］张彩庆，陈绍辉，马金莉．基于模糊综合评判的配电网运行风险评估［J］．技术经济，
2010，29（10）：53-56．

［37］陈绍辉，孙鹏，张彩庆．配电网运行风险识别与评估［J］．华东电力，2011，39（4）：
604-607．

参　考　文　献

[32] 段振亚, 李飞, 申文忠, 等. 配网防雷现状与防雷措施研究 [J]. 电气应用, 2015, (S1): 17-20.

[33] 李景禄, 冯春生. 配电网防雷故障的原因分析及防雷措施 [J]. 高电压技术, 1995, 21 (1): 57-30.

[34] 张义云. 配电网过电压保护措施研究及评估指标研究 [D]. 保定: 华北电力大学, 2014.

[35] 杨少兵, 李瑞生, 刘海峰, 等. 配电网故障自愈关键技术分析 [J]. 电力系统保护与控制, 2014, 26 (7).

[36] 束洪春, 田鑫萃. 冯永青, 等. 基于模糊综合评判的配电网运行风险评估 [J]. 电力科学技术学报, 2010, 29 (10): 33-50.

[37] 陈诗辉, 孙鲁, 梁永亮, 配电网过电压在线监测与评估 [J]. 华北电力大学, 2011, 39 (4): 604-607.